Friedrich Nikol
Warum? Darum!

Friedrich Nikol

Warum? Darum!

Das große Antwortbuch
auf über 200 Fragen
aus der Alltagsphysik

Bearbeitet von Jürgen Witznick
Illustrationen von
Ekkehard Drechsel

Otto Maier Ravensburg

6 7 8 9   94 93 92 91

Sonderausgabe
© 1988 Ravensburger Buchverlag Otto Maier GmbH
Umschlag: Ekkehard Drechsel
Gesamtherstellung:
Graphischer Großbetrieb Pößneck GmbH
Ein Mohndruck-Betrieb
Pößneck, Thüringen
Printed in Germany

ISBN 3-473-34607-1

Inhalt

I. Von Kräften und Gegenkräften – *feste Körper* haben ihre eigenen Gesetze   7

II. Plätschernder Regen und sprudelnde Springbrunnen – *Flüssigkeiten* nehmen auch Umwege in Kauf   65

III. Von Heißem und Kaltem – *Wärme* kommt nicht immer leicht voran   119

IV. Von feinen Klängen und unfeinem Lärm – Schallquellen haben es mit *Akustik* zu tun   161

V. Von Farben und leuchtenden Gebissen – sogar bei schiefer *Optik* gibt's noch was zu sehen   191

VI. Eine Steckdose macht noch keinen Strom – mit *Elektrizität* läßt sich nur selten spaßen   221

VII. Von Falschmünzern und wackligen Tischen – *physikalisches Allerlei*   259

I.
Von Kräften und Gegenkräften – *feste Körper* haben ihre eigenen Gesetze

Wenn ein Schrank
aufs Glatteis geht –
fast immer erwünscht:
viel *Reibung* . . .

Wenn jemand bei Glatteis ausrutscht, dann ist das manchmal lustig, meistens aber auch gefährlich. Bei Glatteis kommt man kaum noch vorwärts – warum eigentlich?

Damit man beim Gehen vorankommt, muß zwischen Schuhsohle und Untergrund eine möglichst große *Reibung* herrschen. Zwischen glatten Flächen gibt es aber nur eine geringe Reibung. Das ist manchmal erwünscht, zum Beispiel beim Schlittschuhlaufen oder Skifahren. Bei anderen Gelegenheiten aber versucht man, die Reibung zu erhöhen. Deshalb streut ein Autofahrer Sand auf die schneeglatte Fahrbahn, wenn die Reifen seines Fahrzeugs durchdrehen.

Das ist eine ärgerliche Sache für jeden Autofahrer: Das Auto steckt im Schnee oder Schlamm fest, die Räder drehen durch. Was tun? Möglichst viel Gas geben, damit das Gefährt mit gehörigem Schwung wieder vorwärts kommt?

Richtig ist genau das Gegenteil. Der Fahrer muß sehr behutsam mit dem Gaspedal umgehen, damit die Antriebsräder möglichst langsam drehen. Denn sobald die Räder zu drehen beginnen, nimmt die *Reibung* zwischen den Reifen und dem schlüpfrigen Untergrund ab. Erst dadurch drehen die Räder durch. Am besten ist es, zum Beispiel Tannenzweige oder Sand zwischen Räder und Untergrund zu bringen. So erhöht man die Reibung, und die Reifen „greifen" wieder.

Einen großen, schweren Schrank ein Stück im Zimmer zu verrücken – das ist ein mühseliges Geschäft! Man schiebt und zieht und drückt, und doch läßt sich das zentnerschwere Monstrum kaum bewegen. Dabei geht's doch viel einfacher . . .

Man muß den Schrank ein wenig kippen und vorn und hinten (oder rechts und links) Besenstiele unterlegen. Sodann läßt sich der Schrank fast bequem befördern, nämlich rollend. Dabei ist die *Reibung* viel geringer als beim Schieben des Schranks über den Fußboden.

Fließendes Wasser schleppt Steine, Geröll und andere schwere Dinge mit sich. Warum eigentlich? Kann es schieben oder ziehen?

Durch die *Reibung* setzt das Wasser Steine und Geröll in Bewegung.
Das Wasser umströmt die Steine, und durch die Reibung entstehen hinter jedem Stein sogenannte *Wirbel*. Die Wirbelbildung hinter den Steinen verursacht eine saugende und damit mitreißende Kraft des Wassers.

Es ist ein schöner Anblick, wenn ein See ganz ruhig daliegt und sich die Wasseroberfläche so glatt wie ein Spiegel darbietet. Doch hier und da kräuselt sich das Wasser plötzlich doch – wie ist das zu erklären?

Diese feinen *Wellen* kommen durch die Bewegung des Windes über der Wasseroberfläche zustande. Die *Reibung* zwischen der bewegten Luft, also dem *Wind*, und dem Wasser bringt auch das Wasser in Bewegung.

Die Wolken am Himmel bestehen aus kleinen Wassertropfen. Wie ist es möglich, daß diese Tropfen in der Luft schweben, ohne herabzufallen – Wasser ist doch schwerer als Luft?

Reibung und *Auftrieb* halten die Tröpfchen in der Luft. Ein winzig kleines Wassertröpfchen hat, im Verhältnis zu seiner Masse, eine recht große Oberfläche. Je größer die Oberfläche aber ist, desto stärker ist die Reibung des Tröpfchens an der Luft. Diese Reibung wirkt gewissermaßen „bremsend". Zur Reibung hinzu kommt der Auftrieb, den die fein verteilten Wassertropfen erfahren. Der Auftrieb ist so groß wie das Gewicht der verdrängten Luft.

Reibung und Auftrieb halten der Schwerkraft das Gleichgewicht, so daß die *Wolke* schwebt. Sind Reibung und Auftrieb größer als das Gewicht, so steigt die Wolke sogar in die Höhe. Erst wenn sich viele Tröpfchen zu größeren Wassertropfen zusammenschließen (wenn sich die Wolke zum Beispiel bei Abkühlung zusammenzieht), bekommt die Schwerkraft die Oberhand – und die Tropfen fallen als Regen zur Erde.

Wie Archimedes einen Goldschwindel aufdeckte – mit dem *Gewicht* ist es so eine Sache . . .

Wer sich auf eine Waage stellt, kann direkt sein Gewicht ablesen. Warum hat ein Körper ein Gewicht?

Das *Gewicht* eines Körpers ist die Kraft, mit der die Erde von ihrem Mittelpunkt aus diesen Körper an sich zieht. Mit dieser Kraft drückt er dann auf seine Unterlage (zum Beispiel auch auf eine Waage) oder zieht an einem Aufhängepunkt. Diese Kraft nennt man *Schwerkraft*; sie ist immer zum Erdmittelpunkt hin gerichtet.

Jeder Gegenstand hat sein Gewicht. Wenn er in Wasser untergetaucht wird, wiegt er dann genausoviel wie an der Luft?

Unter Wasser wiegt jeder Gegenstand gerade soviel weniger, wie das Wasser wiegt, das er verdrängt: Er erfährt einen *Auftrieb*. Dies hat als erster der griechische Mathematiker und Physiker Archimedes vor über 2000 Jahren entdeckt. Er sollte überprüfen, ob eine Krone aus reinem Gold gefertigt war. Wenn ja, hätte sie denselben Auftrieb erfahren müssen wie eine gleich schwere Menge reinen Goldes. Dem war aber nicht so. Sie verdrängte nicht die gleiche Menge Wasser. Das war der Beweis dafür, daß die Krone nicht aus reinem Gold bestand, sondern aus einer Mischung aus Gold und anderen Metallen (s. S. 112 ff.).

Ein Mensch hat in der Nähe des Nord- oder Südpols ein anderes Gewicht als in der Nähe des Äquators. Wie ist so etwas möglich?

Die Erde ist keine völlig runde Kugel, sie ist an den Polen ein wenig abgeplattet. Daher befindet man sich in der Nähe des Äquators auch weiter vom Erdmittelpunkt entfernt als an den Polen: Am Äquator ist die Schwerkraft folglich geringer. Zudem wirkt – durch die Drehbewegung der Erde – am Äquator eine *Fliehkraft* auf jeden Körper; diese wirkt nach außen, von der Erde weg, ist also der Schwerkraft entgegengesetzt. An den Polen hingegen herrscht keine Fliehkraft. Fliehkraft und geringere Schwerkraft am Äquator zusammen vermindern das Gewicht eines Körpers.

Würde man einen Astronauten auf dem Mond auf eine Waage stellen, so könnte man feststellen, daß sein Gewicht stark abgenommen hat. Es beträgt nur noch ein Sechstel seines Gewichts auf der Erde. Hat der Astronaut auf seiner Reise zum Mond eine Abmagerungskur unternommen, oder wie ist sein Gewichtsverlust zu erklären?

Die *Schwerkraft* ist es, die einer Masse *Gewicht* verleiht. Die *Masse* eines Körpers, also die Menge an Substanzen, aus denen er besteht, ist überall gleich.
Der Astronaut hat deshalb auf dem Mond dieselbe Masse wie auf der Erde. Es wirkt auf dem Mond aber eine viel geringere Schwerkraft auf diese Masse, deshalb ist sein Gewicht geringer.

Manches kommt nur langsam in Fahrt – *Trägheit* gibt's nicht nur bei Menschen . . .

Wer in einem Omnibus schon einmal keinen Sitzplatz mehr gefunden hat und stehen mußte, der kennt dies recht gut: Beim plötzlichen Abbremsen des Busses zieht's den Fahrgast unweigerlich nach vorne, und beim zügigen Anfahren stürzt er auf ähnliche Weise nach hinten. Gut, wenn man in so einem Moment sicher steht und sich gut festhält. Kaum einer weiß, daß sein Körper nur einem berühmten physikalischen Gesetz folgt ...

Dieses Gesetz hat vor bald vierhundert Jahren der italienische Wissenschaftler *Galileo Galilei* entdeckt. Nach diesem Gesetz besitzt jeder Körper eine *Trägheit* und hat das Bestreben, im Ruhezustand oder in seinem gleichförmigen Bewegungszustand zu bleiben. Und das spürt jeder, der im Bus einen Stehplatz hat, wenn der Busfahrer einmal scharf bremst oder rasch beschleunigt.

Manchen Leuten macht's viel Spaß, wenn sie ein flaues Gefühl in der Magengegend bekommen: Sie fahren gerne mit der Achterbahn und mit anderen Rummelplatzgefährten, die auf und ab steigen. Und wenn's dann rasant abwärts geht, hört man sie laut und vergnügt kreischen. Warum „hebt's" einem bei solchen Fahrten eigentlich den Magen?

Wie für alle Körper gilt auch für unsere Organe im Bauch das *Trägheitsgesetz*. Sie versuchen also, Größe und Richtung einer Bewegung beizubehalten. Und da sie im Bauchinneren ein wenig beweglich sind, streben sie bei einer Achterbahnfahrt in die Höhe zunächst weiter nach oben, auch wenn die Bahn bereits steil nach unten saust. Das gleiche Gefühl in der Magengegend empfindet man auch, wenn ein Auto schnell über eine Bodenwelle fährt, wenn eine Seilbahn einen Trägermasten passiert oder wenn ein *Lift* rasch abgebremst wird.

Ein kleines Zauberkunststück: Lege auf ein Wasserglas eine Spiel- oder Postkarte und darauf eine Münze. Wenn du die Karte nun rasch wegziehst, wird die Münze der Bewegung der Karte nicht folgen und ins Glas plumpsen.

Die Reibung zwischen Münze und Karte ist recht gering, und die Münze folgt dem *Trägheitsgesetz*: Nach diesem Gesetz bleibt jeder Körper im Ruhezustand, wenn ihn nicht äußere Kräfte daran hindern. Also verharrt die Münze und bleibt sozusagen „liegen". Dieses Experiment kann auch mit einem Tischtuch auf einem gedeckten Tisch funktionieren, aber das sollte man besser nicht nachprüfen – vielleicht ist die Reibung einmal doch zu stark?

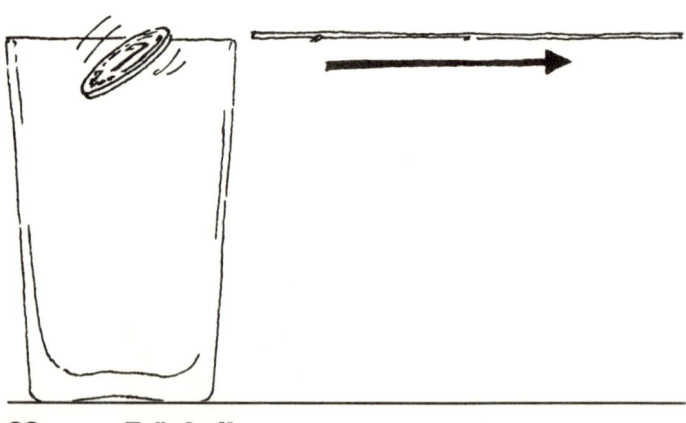

Ein Ei liegt im Kühlschrank. Ist es nun ein rohes oder ein schon gekochtes? Wie kann man dies feststellen, ohne das Ei aufschlagen zu müssen?

Das ist ganz einfach: Man legt das Ei auf eine glatte Fläche und dreht es. Ein gekochtes Ei wird sich sehr viel länger drehen als ein rohes. Beim gekochten Ei wird nämlich die Drehbewegung sofort und gleichzeitig von der Schale und dem mit ihr verbundenen Inhalt ausgeführt. Bei einem rohen Ei aber bleibt der flüssige Inhalt durch seine Trägheit zunächst noch im Ruhezustand. Dadurch tritt zwischen Schale und Flüssigkeit eine starke Reibung auf, und die allmähliche Übertragung der Drehbewegung auf das Innere des Eis bremst die Schale stark ab. Ein rohes Ei dreht sich also bei weitem nicht so lange wie ein gekochtes.

Da kommt die Milch ins Schleudern – die *Fliehkraft* ist sogar für die Sahne zuständig . . .

Von Milch, die man direkt beim Bauern geholt hat, kann man den Rahm abschöpfen, wenn man sie einen Tag hat stehenlassen; so erhält man seine „eigene" Sahne. Wird in Molkereien die Sahne auch auf so zeitraubende und mühsame Weise gewonnen?

Rahm ist ein sehr fettreicher Bestandteil der Milch, und Fett ist leichter als Wasser. Daher schwimmt der Rahm bald auf der weniger fetten Milchflüssigkeit. Um in Molkereien den Rahm von der Milch zu trennen, bedient man sich dieses Gewichtsunterschieds: Man gibt die gesamte Milch in eine Zentrifuge, das ist ein sich schnell drehendes Gefäß. Die schwerere Milchflüssigkeit wird nach außen geschleudert, während sich der leichtere Rahm innen sammelt und abgeleitet werden kann. Der Name dieses Geräts stammt übrigens von der *Zentrifugalkraft* her, wie die *Fliehkraft* auch genannt wird.

Was geschieht, wenn man eine Tasse Tee umrührt, in dem sich viele kleine Teeblätter befinden? Die Blätter sammeln sich unten in der Mitte des Tassenbodens.

Warum aber verteilen sie sich nicht gleichmäßig im Tee, wie man es eigentlich erwartet?

Beim Umrühren entsteht eine *Fliehkraft* nach außen. Oben in der Tasse ist diese größer als unten, da am Tassenboden die Reibung hemmend wirkt. Der so entstehende Überdruck verursacht eine Kreisbewegung: Der Tee strömt am Tassenrand abwärts und in der Tassenmitte aufwärts. Die Teeblätter freilich machen nur die Abwärtsbewegung mit und sammeln sich in der Mitte unten, weil sie schwerer sind als die Flüssigkeitsteilchen und deren Bewegungskraft nicht ausreicht, sie anzuheben.

Auf einer staubigen Straße hinterläßt ein Fahrrad eine deutlich sichtbare Spur. Selbst wenn der Radler längst verschwunden ist, kann man herausbekommen, wie schnell er unterwegs war. Man muß nur die Spur genau betrachten. Wie ist das möglich?

Je schneller der Radfahrer gefahren ist, desto weniger ist die Spur geschlängelt. Ein *Fahrrad* ist zwangsläufig nicht besonders standfest, es fährt ja nur auf zwei Rädern. Daher droht es ständig nach rechts oder nach links umzukippen. Beim Fahren kann man aber (meist) leicht einen Sturz vermeiden, indem man sich der *Fliehkraft* bedient. Droht das Rad nach rechts zu kippen, so muß man eine Rechtskurve fahren; denn dadurch entsteht eine Fliehkraft nach links, die Fahrer und Rad wieder ins Gleichgewicht bringt. Je schneller man unterwegs ist, desto schwächere, weniger gekrümmte Kurven reichen zu diesem Zweck aus (weil dann die Fliehkraft größer ist). Ein langsamer Radler hingegen fährt mehr in Kurven als geradeaus!

Wer hoch hinauswill,
muß manchmal kräftig
schlucken –
ohne den richtigen *Druck*
geht manches schief . . .

Wenn man aus dem Inneren eines Glases, das oben mit einer Zellophanhaut verschlossen ist, die Luft absaugt, so wird die Zellophanhaut mit lautem Knall zerstört. Warum?

Von außen drückt Luft auf die Haut, und normalerweise drückt von innen Luft mit derselben Kraft dagegen. Fehlt die Luft im Inneren, dann wird die Haut von oben her eingedrückt. Denn tatsächlich hat die unsichtbare Luft ein Gewicht; sie lastet mit einem meßbaren *Luftdruck* auf der Erdoberfläche.

Der normale Luftdruck auf Meereshöhe entspricht dem Druck einer 760 Millimeter hohen Quecksilbersäule und wurde daher zunächst bezeichnet als 760 *Torr* (nach dem italienischen Physiker Torricelli); bei jeweils 10 Meter Höhenanstieg nimmt der Luftdruck um 1 Millimeter Quecksilbersäule ab. Daher kann ein Bergsteiger mit Hilfe eines Luftdruckmeßgeräts, eines *Barometers*, feststellen, in welcher Höhe er sich befindet.

Heute wird der Luftdruck gemessen in der Einheit *Hektopascal* (hPa), wobei 3 Torr etwa gleich 4 hPa sind.

Heutzutage kommt man recht bequem auf viele Bergeshöhen: in einer Drahtseilbahn zum Beispiel oder sogar im Auto. Bei der Berg- und bei der Talfahrt spürt man aber einen merkwürdigen Druck in den Ohren, den man meist erst durch mehrmaliges Schlucken wieder loswird. Woher kommt dieser eigenartige Ohrendruck?

Der *Luftdruck* nimmt mit steigender Höhe ab. Nach Beginn einer Bergfahrt befindet sich im Körper noch Luft von höherem Druck, so wie er im Tal herrscht. Die Außenluft wird aber rasch dünner, ihr Druck läßt nach. Daher wird das Trommelfell nach außen gedrückt. Durch Schlucken kann man einen Druckausgleich herstellen; wenn er glückt, knackt es ein wenig in den *Ohren*. Bei der Talfahrt verhält es sich genau umgekehrt: Das Trommelfell wird durch den zunehmenden Außendruck nach innen gedrückt, und wieder knackt es bei Druckausgleich in den Ohren.

Es gibt kundige Menschen, die an kleinen, scheinbar unbedeutenden Veränderungen in der Umwelt erkennen können, wie sich das Wetter entwickeln wird. Wie kann man zum Beispiel mit Hilfe aufsteigenden Rauchs anstehende Wetteränderungen vorhersehen?

Rauch besteht aus vielen kleinen Teilchen. Und an diesen Teilchen können sich kleine Wassertröpfchen niederschlagen. Natürlich geschieht dies vor allem dann, wenn hohe Luftfeuchtigkeit herrscht, wie kurz vor einem *Regen*. Wenn Rauch aus einem Schornstein also nicht mehr so schnell in die Höhe steigt wie sonst, weil seine Teilchen eben durch Wassertröpfchen schwerer geworden sind, dann wird es wohl bald regnen.

Warum darf ein Freiballon beim Start nicht prall mit Gas gefüllt sein?

Mit zunehmender Höhe sinkt der *Luftdruck* der Atmosphäre. Daher dehnt sich das Füllgas beim Aufsteigen des Ballons stark aus. Sicherheitsventile und eine Reißleine ermöglichen es dem Ballonfahrer, Gas abzulassen, wenn der Druck in der Hülle zu stark ansteigt.

Wenn in der Küche etwas brutzelt, dann riecht man's in der ganzen Wohnung. Läßt sich das vermeiden?

Gase haben die Eigenschaft, einen möglichst großen Raum auszufüllen. Sie haben also keine „Größe", das heißt keinen bestimmten Rauminhalt, und dehnen sich in jedem Raum so weit als möglich aus. Die Küche müßte also schon luftdicht verschlossen werden, wenn der Bratenduft andere Zimmer nicht erreichen soll – und das ist wohl kaum möglich!

Warum schäumen manche Getränke – Sprudel, Bier und vor allem Sekt – so stark?

In diesen Getränken ist in großer Menge das Gas *Kohlendioxid* enthalten. Um diese große Menge *Gas* aufnehmen zu können, steht die Flüssigkeit unter *Druck*, daher ist die Flasche fest verschlossen. Beim Öffnen läßt der Druck nach, und Gas entweicht. Es steigt in Form von Schaumbläschen auf.

Fahrräder haben luftgefüllte Reifen. Wenn man über Glasscherben oder einen Nagel fährt, gehen sie kaputt, und man muß sie mühsam flicken. Warum verwendet man nicht Reifen, die weniger anfällig sind für solche „Betriebsstörungen", zum Beispiel Vollgummireifen?

Luftgefüllte Reifen dämpfen Stöße gut ab. Sie lassen sich leichter verformen als zum Beispiel Vollgummireifen. Deshalb spürt ein Radfahrer Bodenunebenheiten wie Steine oder Querrinnen nicht so hart. Man kann den Reifen zwar eindrücken, dadurch steigt aber der *Druck der Luft*, und sie formt den Reifen wieder in seine ursprüngliche Gestalt.

Eine *Fahrradpumpe* ist wirklich eine nützliche Erfindung. Was täte man auch ohne sie, wenn ein Fahrradreifen mal seine ganze Luft ausgehaucht hat! Wie funktioniert dieses praktische Gerät?

Im Inneren der Pumpe wird die *Luft* zusammengepreßt und öffnet durch ihren *Überdruck* das Ventil am Fahrradreifen: So strömt Luft in den Reifenschlauch. Zieht man den Kolben der Pumpe zurück, dann sinkt der Druck im Innern der Pumpe, und durch den Druck im Schlauch schließt sich das Ventil wieder. Man kann nur so lange Luft in den Gummischlauch pressen, wie der Druck in der Pumpe höher ist als im Reifen.

Es sieht fast aus wie ein Zaubertrick: Tauche einen Trinkhalm senkrecht ins Wasser und verschließe dann die obere Öffnung mit einem Finger. Beim Herausheben des Halms tröpfelt zwar ein wenig Wasser unten heraus, das meiste aber bleibt in dem Röhrchen, obwohl doch nichts Sichtbares dem Wasser den Weg nach unten verwehrt?

Nichts Sichtbares stimmt – Luft ist eben unsichtbar. Tatsächlich verhindert die Luft bzw. der *Druck der Luft* den Fall des Wassers nach unten. Zunächst fließt ein wenig Wasser heraus, und dadurch vermindert sich der Druck der Luft zwischen deinem Finger und der Wassersäule im Halm – die Luft „verdünnt" sich. Wenn der Druck dieser verdünnten Luft und der der Wassersäule zusammen nur noch so groß ist wie der von unten wirkende Luftdruck, dann bleibt das Wasser im Halm „stehen".
Diese Wirkung macht sich zum Beispiel der Apotheker zunutze, wenn er mit Hilfe einer Art gläsernen Halms, einer Pipette, geringe Flüssigkeitsmengen aus Flaschen „heraushebt".

In manchen Kellern liegen große, alte Fässer, die nur oben eine Öffnung haben: ein rundes Loch. Wie kommt man an den wohlschmeckenden Inhalt des Fasses heran?

Ohne einen Gummischlauch wird das begehrte Naß wohl für immer im Faß bleiben. Mit Schlauch aber – einem dünnen, der (je nach Faß) etwas länger als ein Meter ist – wird's ganz einfach: Ein Ende wird durch die Öffnung ins Faßinnere gegeben, und vom anderen Ende her saugt man die Flüssigkeit an. Wenn man nach dem Ansaugen den Schlauch losläßt und die Öffnung in ein auf den Fußboden gestelltes Gefäß hält, dann läuft die Flüssigkeit in dieses Gefäß, bis man den Schlauch oben aus dem Faß zieht.

Durch das Saugen wird der *Luftdruck* im Schlauch verringert, und deshalb strömt die Flüssigkeit in den Schlauch. Das ständige Ausfließen am Schlauchende wird durch das Gewicht der Flüssigkeitssäule im herabhängenden, längeren Schlauchteil verursacht. Man braucht übrigens kein Faß, um diese Wirkung selbst zu beobachten: Versuche einmal, einen Krug Wasser über einen Schlauch in eine Schüssel zu entleeren.

In manchen Gärten kommt das Wasser zum Gießen nicht aus dem Wasserhahn, sondern wird aus dem Erdreich gepumpt. Man verwendet dazu Pumpen, die ganz ohne elektrischen Strom auskommen; nur ein wenig Muskelschmalz ist vonnöten. Wie funktionieren solche Pumpen?

Solche *Saugpumpen* bestehen aus einem Zylinder, in den unten vom Grundwasser her ein Steigrohr mündet und in dem ein Kolben auf und ab bewegt werden kann. Im Kolben und auf dem Steigrohr befindet sich jeweils ein Klappenventil. Wird der Kolben hochgezogen, so schließt sich sein Ventil, und das auf dem Steigrohr öffnet sich. Durch den entstehenden *Unterdruck* wird Wasser aus der Tiefe angesaugt. Bei der Abwärtsbewegung des Kolbens öffnet sich dessen Ventil, das untere aber schließt sich. So fließt das Wasser über den Kolben und wird beim nächsten Aufwärtsziehen bis zu einem Ausfluß angehoben. Mancher gewitzte Gärtner schüttet vor dem Pumpen von oben Wasser auf den Kolben. So ist sichergestellt, daß das Ventil luftdicht schließt und der nötige Unterdruck entstehen kann.

Mitten auf einer Wiese schießt Wasser aus dem Erdboden. Wie ist das möglich? Ist hier ein Wasserrohr geplatzt und läßt nun seinen Inhalt in die Höhe schießen? Und wenn nicht, welche Kräfte sind dann hier wirksam?

Voraussetzung für eine solche Erscheinung ist, daß der „Springbrunnen" in einer Mulde liegt. Im Erdboden befindet sich in solch einem Fall eine wasserführende Schicht, die unten und oben von einer wasserundurchlässigen Schicht umgeben ist. Durchbohrt man nun die obere Schicht, so schießt Wasser in die Höhe, aber nur, wenn der Grundwasserspiegel oberhalb der Mulde höher liegt als die Bohrstelle. Ein solcher *Springbrunnen* wird *„artesisch"* genannt nach der Landschaft Artois in Frankreich, wo es viele solcher scheinbar geheimnisvoller Erscheinungen gibt.

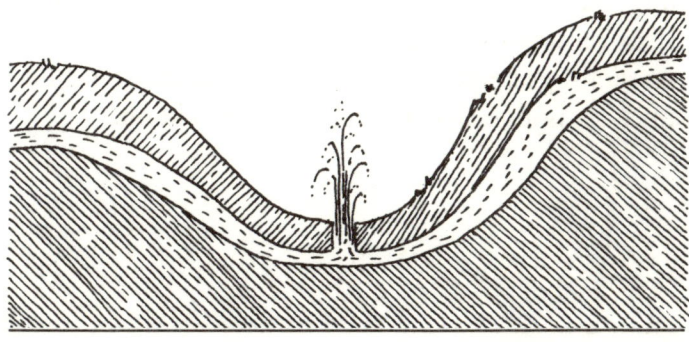

In einem Tordurchgang oder in einer Unterführung zieht es immer ein wenig, selbst an einem heißen, nahezu windstillen Sommertag. Wie ist diese Luftbewegung zu erklären?

*E*ine sehr geringe *Luftströmung* wird im Freien kaum wahrgenommen; sie kann sich beliebig ausbreiten. Wird eine solche Luftströmung aber in einem Durchgang verengt, so steigt ihre Geschwindigkeit. Die Folge: Es zieht.

Zwei Bücher liegen in einigen Zentimetern Abstand auf dem Tisch. Über den Büchern liegt ein Blatt Papier. Wenn man nun unter das Blatt Papier bläst, hebt es nicht etwa ab, ganz im Gegenteil: Es wölbt sich nach unten. Wie kommt das?

Durch das Blasen bewegt sich die Luft unter dem Blatt Papier, deshalb wird der Luftdruck unter dem Papier geringer – ein *Sog* entsteht. Die Luft oberhalb des Papiers bleibt aber unbewegt und drückt nach unten. Je stärker man bläst, um so mehr wird das Blatt nach unten gedrückt. Was passiert wohl, wenn man so bläst, daß nur die Luft oberhalb des Blattes bewegt wird?

Warum fliegt ein Flugzeug und fällt nicht runter – es ist doch ungeheuer schwer?

Ein *Flugzeug* wird durch Motorkraft vorwärts bewegt. Die dabei gegen die Tragflächen strömende Luft erzeugt von unten einen Druck nach oben. Wenn die Tragflächen richtig geformt sind, entsteht an ihrer Oberseite ein *Unterdruck*, ein *Sog*. Es ist vor allem dieser Sog, der ein Flugzeug fliegen läßt: Etwa ¾ des Gesamtgewichts des Flugzeugs werden durch ihn gehalten, und nur etwa ¼ wird durch den Druck der Luft auf die Unterseite der Tragflächen getragen. Der durch die Luft erzeugte *Auftrieb* ist um so größer, je günstiger die Tragflächen geformt sind. Daher kann heutzutage auch die Wölbung der Tragflächen an verschiedene Flugphasen angepaßt werden: Beim Starten oder Landen zum Beispiel können Start- oder Landeklappen ausgefahren werden; bei manchen Flugzeugen kann auch die Stellung der gesamten Tragflächen verändert werden.

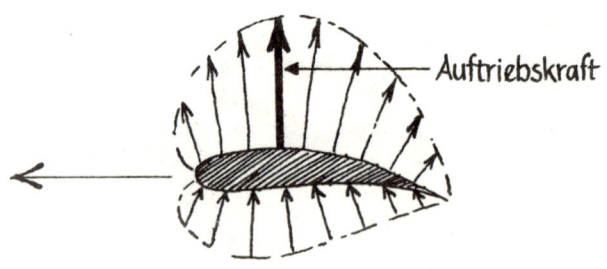

Auftriebskraft

Warum sind bei Häusern im Gebirge die Dächer so flach und mit Steinen beschwert?

Im Gebirge bläst oft ein heftiger Wind. Und wenn der übers Dach streift, dann verengt sich oben zum First hin die *Luftströmung*. Dadurch steigt die Luftgeschwindigkeit, und ein Luftzug nach oben entsteht. Dabei sinkt der Luftdruck auf der Dachfläche: Es tritt ein *Sog* nach oben auf. Der von unten her im Inneren des Hauses wirkende, höhere Luftdruck könnte nun leicht das Hausdach abheben. Durch möglichst flache Dächer will man diesen *Sog* so gering wie möglich halten. Außerdem beschwert man das Dach zusätzlich mit großen Steinen, um ein Abheben zu verhindern.

Das kann schon ärgerlich sein: Man will schlafen, kann aber nicht, weil ein anderer Schläfer laut und deutlich vor sich hin schnarcht. Dabei kann der gar nichts dafür ...

Beim Atmen streift die Luft in der Mundhöhle am Gaumensegel vorbei, hier findet sie eine Verengung vor. Der auftretende *Sog* kann ein regelmäßiges Aufundabtanzen des Gaumensegels bewirken, was zum Leidwesen des schlaflosen Zimmergenossen als Schnarchton zu hören ist!

Warum flattert eine Fahne im Wind?

Links und rechts am Fahnenstoff bilden sich fort-
während Luftwirbel, die sich immer wieder ablösen
und durch neue ersetzt werden. Die Anzahl der in
einer Minute gebildeten *Wirbel* und damit die
Schnelligkeit der Flatterbewegung hängt von der
Strömungsgeschwindigkeit der Luft, also vom
Wind, ab.

Von der Bahnsteigkante zurücktreten! So warnt der Aufsichtsbeamte, wenn ein Zug in den Bahnhof einfährt. Am Bahnsteig ist man doch aber noch ein Stück von den Gleisen und dem heranbrausenden Zug entfernt, da kann doch nichts passieren, oder?

Ein fahrender Zug ist von einer Luftströmung umgeben. Zwischen jeder *Strömung* und den in der Nähe befindlichen Körpern entwickelt sich aber ein Unterdruck, ein *Sog*. Und diese Sogwirkung am einfahrenden Zug gefährdet natürlich jeden unvorsichtigen Fahrgast; er könnte an den Zug herangerissen werden.

Warum ist bei zwei Schiffen, die in einem Fluß nahe aneinander vorbeifahren, die Gefahr eines Zusammenstoßes besonders groß?

Zwischen den Schiffen verengt sich die *Strömung* des Wassers, und in der dadurch nun schnelleren Strömung entsteht ein *Sog* nach innen, der die Schiffe zusammentreibt. Daher ist es notwendig, daß zwischen aneinander vorbeifahrenden Schiffen immer ein großer Sicherheitsabstand eingehalten wird.

Schiffe werden durch eine sich drehende Schraube angetrieben und über ein drehbares Ruder gesteuert. Warum eigentlich befindet sich das Steuerruder immer hinter der Schiffsschraube?

Durch die *Schiffsschraube* wird ein kräftiger Wasserstrom nach hinten in Bewegung gesetzt. Die Kraft dieses Wasserstroms wirkt auf die Fläche des Ruders und erhöht dessen Steuerwirkung. Daher ist es viel vorteilhafter, wenn sich das Steuerruder hinter der Antriebsschraube befindet. Natürlich ist bei laufender Schraube eine sehr große Kraft erforderlich, um das Steuer zu bewegen, daher werden hierfür Motoren eingesetzt.

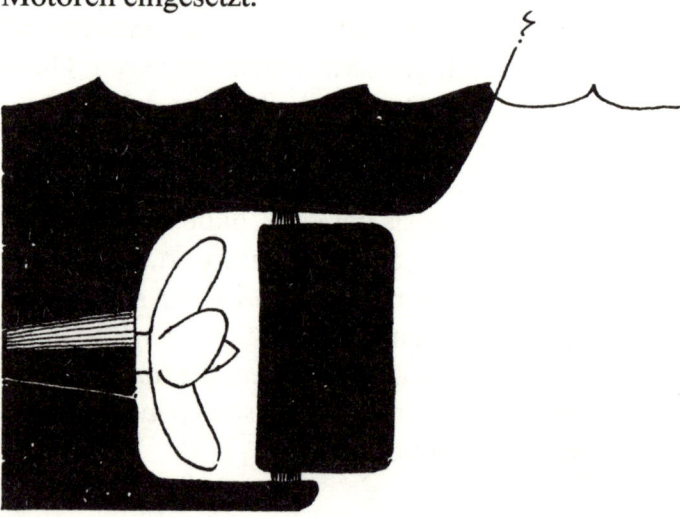

Motorhaube, Türen und Kotflügel – viele Teile einer Autokarosserie sind aus einem einzigen Stück Blech geformt. Um solche Bleche in die richtige Form zu bringen, benötigt man besonders starke Pressen. Wie wird in diesen Pressen die erforderliche große Kraft erzeugt?

Druck breitet sich in Flüssigkeiten gleichmäßig aus. Diesen Umstand nutzt man bei der Erzeugung großer Kräfte in Pressen. Wenn in einem kleinen, mit einer Flüssigkeit gefüllten Zylinder über einen Kolben Druck erzeugt wird, kann sich dieser Druck zum Beispiel über ein Rohr in einen zweiten Zylinder unvermindert fortpflanzen. Dieser zweite Zylinder kann sehr viel weiter sein als der erste und dadurch einen Kolben mit größerer Fläche bewegen. Durch die gleichmäßige Druckfortpflanzung herrscht auf jedem Quadratzentimeter Kolbenfläche der gleiche Druck. Wenn der zweite Kolben eine hundertmal größere Fläche hat als der erste, dann ist daher auch die Kraft, mit der er nach außen drückt, hundertmal größer. Mit solch einer *hydraulischen Presse* kann man, bei entsprechendem Verhältnis der Kolbenflächen, ungeheure Kräfte erzeugen, die man benötigt, um zum Beispiel starke Stahlschienen zu biegen oder Brücken anzuheben.

So bringt man ein Schiff
aus dem Tritt –
wo Kapitän *Rückstoß*
das Kommando
führt . . .

Ein Schiff dümpelt gemächlich übers Wasser; keiner der Passagiere glaubt, daß er die Fahrtgeschwindigkeit beeinflussen könne – das kann doch nur der Kapitän, oder?

Wenn alle Fahrgäste zugleich vom Heck des Schiffes zum Bug – von hinten nach vorne – rennen würden, dann würde sich tatsächlich die Geschwindigkeit verlangsamen. Das bewirkt der sogenannte *Rückstoß*. Nach einem Naturgesetz bleibt die Summe aller Bewegungsgrößen eines „Systems" (zum Beispiel des Schiffs und seiner Fahrgäste) immer gleich. Wenn sich also alle Passagiere nach vorne bewegen (= eine Geschwindigkeit nach vorne haben), wirkt auf den Schiffskörper zum Ausgleich eine Kraft nach hinten, und so verlangsamt sich für kurze Zeit die Geschwindigkeit des Schiffes.

Raketen steigen steil in den Himmel. Wie werden sie eigentlich angetrieben?

Im Inneren der Brennkammer einer *Rakete* entsteht bei der Zündung des Treibstoffes ein ungeheurer Gasdruck. Das Gas kann aber nur nach hinten entweichen. Dem Druck nach hinten entspricht aber ein entgegengesetzter Druck in der Kammer nach vorne, der die Rakete antreibt, denn jede Kraft verursacht eine Gegenkraft. Nach dem gleichen *Rückstoß*-Prinzip bewegt sich übrigens auch ein prall aufgeblasener *Luftballon* vorwärts, wenn man ihn losläßt, ohne die Öffnung zu verschließen.

Wunderliches aus der Kegelbahn –
wo *Elastizität* gefragt ist . . .

Eine Stahlkugel und ein Gummiball fallen aus gleicher Höhe auf eine harte Fläche, zum Beispiel auf eine Stahlplatte oder einen Steinboden. Nach dem Aufprall springen beide wieder ein Stück in die Höhe, die Stahlkugel aber höher als der Gummiball.

Die Stahlkugel ist *elastischer* als der Gummiball, darum springt sie höher. Jeder Stoff besteht aus vielen winzigst kleinen Teilen, Atomen und Molekülen, die sich verschieden fest zusammenfügen. Ein Stoff ist um so elastischer, je stärker seine Bestandteile nach einer Verformung in die ursprüngliche Gestalt zurückstreben. Eine Kugel aus Knetmasse zum Beispiel würde nach einem Aufprall auf eine harte Fläche zusammengequetscht liegenbleiben, sie ist nicht elastisch.

In einer Kegelbahn werden die Kugeln auf einer Rinne automatisch zu den Keglern zurückgerollt. Was geschieht, wenn eine anrollende Kugel auf mehrere frei in der Rinne liegende Kugeln trifft?

Die ankommende und alle weiteren Kugeln bleiben nach dem Aufprall ruhig liegen – bis auf die vorderste Kugel: Sie rollt mit der gleichen Geschwindigkeit weiter, mit der die letzte Kugel ankam. Der *Stoß* der ankommenden Kugel wird von jeder Kugel an die nächste weitergegeben, nur die letzte hat keinen „Nachbarn" mehr und muß sich sozusagen selbst auf den Weg machen, um die erhaltene Energie „abzuarbeiten".

II.

Plätschernder Regen und sprudelnde Springbrunnen – *Flüssigkeiten* nehmen auch Umwege in Kauf

Wasser ist nicht ganz normal – seine *Anomalie* kann aber fast Berge versetzen . . .

Im Herbst muß das Wasser aus den im Freien liegenden Leitungen und Wasserhähnen abgelassen
werden. Lohnt sich eigentlich die Mühe? Schließlich
wird die Wasserleitung schon im Frühjahr wieder
gebraucht.

In Leitungen befindliches *Wasser*, das im Freien
winterlichem Frost ausgesetzt wäre, würde zu Eis gefrieren und sich dabei ausdehnen. Durch diese Ausdehnung würde selbst ein stabiles Metallrohr ge-
sprengt werden, die Wasserleitung wäre zerstört.
Der Gefahr des sich ausdehnenden gefrierenden
Wassers muß man auch an anderer Stelle begegnen:
So werden zum Beispiel in die Kühlanlagen von Au-
tomotoren Frostschutzmittel eingefüllt, um den Ge-
frierpunkt der Kühlflüssigkeit abzusenken, sonst
könnte der Kühler während einer sehr kalten Nacht
durch das entstehende Eis zerstört werden.

Kaltes Wasser ist schwerer als warmes, deshalb sinkt es in einem Gefäß nach unten. Logischerweise müßte dann ein See von unten her zufrieren, denn das kälteste Wasser sinkt nach unten. Warum aber gefriert das Wasser in einem See zuerst an der Oberfläche?

Wasser verhält sich in dieser Hinsicht anders als alle anderen Flüssigkeiten. Beim Abkühlen auf 4 °C zieht es sich zusammen und wird daher immer schwerer. Bei einer weiteren Abkühlung dehnt es sich aber wieder aus und wird also leichter. Wenn sich die Oberflächenschicht eines Teiches im Winter abkühlt, sinkt dieses Wasser in die Tiefe. Wärmeres Wasser steigt in die Höhe und kühlt sich ebenfalls ab. Kälteres und wärmeres Wasser schichten sich so lange um, bis überall im Teich eine Temperatur von 4 °C herrscht. Wird das Wasser an der Oberfläche nun weiter abgekühlt, so wird es leichter und sinkt nicht ab. Bei 0 °C gefriert es zu Eis, während das Wasser am Grund des Teichs noch 4 °C warm ist. Auf diese Weise können Fische auch in einem zugefrorenen Teich einen eiskalten Winter überleben.

Das Verhalten des Wassers, sich nur bis zu einer Temperatur von 4 °C zusammenzuziehen und sich bei einem weiteren Absinken der Temperatur wieder auszudehnen, nennt man die *Anomalie* des Wassers.

Wenn Wasser sich in Luft „auflöst" –
was es mit *Nebel, Wolken, Tau* und *Reif* auf sich hat . . .

Im Herbst kann man oft dünne Nebelschwaden über Wiesen und Felder streifen sehen. Wie entsteht eigentlich Nebel?

Der Erdboden wird tagsüber durch die Sonneneinstrahlung erwärmt. Doch schon ab dem Nachmittag wird die Wärme wieder abgestrahlt, und der Boden kühlt ab. Die über den Boden streifende Luft wird nun ebenfalls abgekühlt. Und da kühlere Luft weniger Feuchtigkeit speichern kann als warme, beginnt ein Teil der Feuchtigkeit zu *kondensieren*, und es bilden sich feine Wassertröpfchen: der *Nebel*. Kühle Luft sinkt immer nach unten, daher entsteht Nebel zunächst in Senken und Niederungen und zuerst direkt über dem Boden.

Nebel bildet sich also meist am späten Nachmittag oder am Abend und wird erst am Morgen wieder aufgelöst – wenn die Sonne Luft und Erde erwärmt. Natürlich kann sich Nebel auch tagelang halten; dann hatte sich wärmere, feuchte Luft über das kühle Erdreich geschoben, diese wurde abgekühlt und wird nun nicht mehr genügend erwärmt, um den Nebel aufzulösen.

Nebel ist für die Schiffahrt sehr gefährlich. Auf den Meeren fahren in einer „Nebelsuppe" die Schiffe nur noch ganz langsam und machen mit laut tönenden Nebelhörnern auf sich aufmerksam. Warum entsteht auch auf Meeren Nebel – schließlich verändert sich die Wassertemperatur im Verlauf eines Tages doch nicht wesentlich?

Über dem Meer bildet sich dann *Nebel*, wenn warme, feuchte Luft über recht kaltes Wasser gelangt. Da sich Meerwasser viel langsamer erwärmt als die Luft, treten Nebel auf See vor allem im Frühjahr und zu Beginn des Sommers auf, wenn das Wasser noch kühl, die Luft aber schon viel wärmer ist.

Wolken am Himmel sind nicht jedermanns Geschmack. Die meisten Menschen haben es lieber, wenn die Sonne von einem blauen, ganz wolkenlosen Himmel scheint. Dabei erhalten uns die Wolken und ihre Wasserfracht am Leben, denn ohne Wasser könnte es kein Leben geben. Wie bilden sich eigentlich Wolken?

Bei jeder Temperatur verdunstet Wasser, daher enthält die Luft stets eine gewisse Menge unsichtbaren *Wasserdampf.* Die Luft kann aber nur eine bestimmte Menge Wasserdampf aufnehmen, wärmere Luft mehr als kühlere.

Die warme, wasserdampfreiche Luft steigt nach oben in höhere Schichten der Atmosphäre und kühlt sich dort ab. Ein Teil des Wasserdampfes wird nun in Form von feinen Wassertröpfchen ausgeschieden, es bilden sich *Wolken*. Wenn die Wassertröpfchen größer und schwerer werden, fallen sie als Regen zur Erde.

Manche Wolken bestehen aus kleinen Eisnadeln. Solche Wolken bilden sich in sehr großer Höhe aus gefrorenem Wasserdampf und sehen aus wie dünne Fasern.

Auf Flugzeuge, die in großer Höhe unterwegs sind, wird man meist nur durch die langen Streifen aufmerksam, die sie am blauen Himmel hinterlassen. Sind das etwa die Auspuffgase des Flugzeugs?

Bei den langen weißen Streifen handelt es sich um kondensierten Wasserdampf. In großen Höhen ist die Luft normalerweise sehr rein und enthält keinerlei Staub- und Rußteilchen, an denen sich der in der Luft vorhandene Wasserdampf niederschlagen könnte. Ein Flugzeug aber, das dort oben seine Verbrennungsgase ausstößt, liefert gerade jene kleinen Teilchen, an denen sich der Wasserdampf niederschlägt, und so entstehen *Kondensstreifen.*

Was ist der Unterschied zwischen Dampf, Rauch und Nebel?

Ein Stoff kann fest, flüssig oder gasförmig sein. *Dampf* ist der gasförmige Zustand eines Stoffes. Beim *Rauch* und beim *Nebel* hingegen schweben in der Luft sehr kleine Teilchen. Beim Rauch sind es feste Teilchen, beim Nebel fein verteilte Flüssigkeitströpfchen.

Am nördlichen Alpenrand tritt hin und wieder eine merkwürdige Wettererscheinung auf: der *Föhn.* Viele Menschen klagen bei Föhn über Kopfschmerzen und allerlei andere Beschwerden. Wie kommt der Föhn zustande?

Ein feuchter Wind, der von Süden her gegen die Alpen weht, kühlt sich beim Anstieg auf die Berggipfel stark ab und gibt dadurch einen großen Teil der in ihm enthaltenen Feuchtigkeit durch Kondensation ab: Es regnet oder schneit am Südrand der Alpen. Bei „Föhndurchbruch", d. h., wenn der Wind die Alpengipfel überwindet, stürzt die dann sehr trockene Luft am Nordrand der Alpen zu Tal und erwärmt sich dabei um 1 °C pro 100 Meter Höhenunterschied. So kann es vorkommen, daß im Voralpenland selbst im November für kurze Zeit Temperaturen um etwa 20 °C auftreten.

Auch heute noch kann man ab und zu große Dampflokomotiven in Aktion sehen: Vielerorts gibt es „Museumsbahnen", die regelmäßig Ausfahrten veranstalten. Mit viel Getöse setzen sich dann die mächtigen schwarzen *Lokomotiven* in Fahrt, und aus dem Schornstein schießt der Dampf heraus. Aber: Wo über dem Schornstein beginnen eigentlich die weißen „Dampfwolken"?

Dämpfe und Gase sind unsichtbar, also vollkommen durchsichtig. Das gilt natürlich auch für den *Wasserdampf.* Deshalb kann man direkt über dem Schornstein keinen Dampf sehen. Erst wenn sich der Wasserdampf abkühlt, verdichtet er sich zu kleinen, schwebenden Wassertröpfchen, die man meist fälschlicherweise als „Dampf" bezeichnet. Im Winter, wenn die Luft recht kalt ist, geht die Abkühlung des unsichtbaren Wasserdampfs schneller vor sich, so daß die weiße Wassertröpfchenwolke in geringerer Höhe über dem Schornstein beginnt als im Sommer.

Eine ähnliche Erscheinung kann jeder selbst im Haushalt beobachten: Wenn man in einem kühlen Badezimmer heiß duscht oder in einer kühlen Küche Wasser kocht, so ist der Raum bald voller „Nebel", einer dichten Wassertröpfchenwolke. In warmen Räumen behält man aber jeweils klare Sicht.

Wenn's im Sommer so richtig heiß ist, dann tut ein Sprung ins kühle Naß besonders gut. Warum aber fröstelt man, wenn man wieder aus dem Wasser steigt – die Luft ist doch viel wärmer als das Wasser?

Der Körper ist nach dem Baden noch überall mit Wassertröpfchen benetzt. Diese Tröpfchen verdunsten an der Luft und entziehen dabei dem Körper Wärme. Diesen Vorgang spürt man auf der Haut als *Verdunstungskälte.*

Ein Frühaufsteher wird es sogar im Sommer bemerken: Nachts legt sich Tau auf die Wiesen. Wo kommt diese Feuchtigkeit her, hat es etwa nachts geregnet?

Die Erdoberfläche kühlt sich nachts ab und mit ihr auch die Pflanzen. Die wärmere, feuchte Luft kühlt sich an den Pflanzen ab, und deshalb schlägt sich an ihnen Wasserdampf als kleine Wassertröpfchen nieder. Das ist der *Tau.* Diese Feuchtigkeit auf den Wiesen stammt also direkt aus der Luft und kommt nicht daher, daß es nachts geregnet hat.

Brillenträger haben es manchmal schwer. Wenn sie nämlich winters von einem Spaziergang in die geheizte Stube zurückkehren, dann sehen sie plötzlich nichts mehr: Ihre Brille beschlägt sich mit Feuchtigkeit. Es bleibt ihnen nichts anderes übrig, als die Brille abzunehmen und trockenzureiben. Warum eigentlich haben Brillenträger mit solchen Schwierigkeiten zu kämpfen?

Die Brille kühlt sich, wie jeder andere Gegenstand auch, im kalten Freien ordentlich ab. Wird sie nun in einen warmen Raum gebracht, dann kühlt sich an ihr die warme Luft ab, und ein Teil der in dieser Luft enthaltenen Feuchtigkeit schlägt sich an der Brille nieder. Von dieser Erscheinung sind natürlich nicht nur Brillenträger betroffen. Wer zum Beispiel mit einer Kamera aus der Kälte ins Warme kommt, wird anfangs kaum scharfe Bilder schießen können. Oder wer sich an einem Wintermorgen ins kalte Auto setzt, ist eine Weile damit beschäftigt, die Fensterscheiben trockenzureiben. Und wer im Winter mit dem Auto in eine warme Tiefgarage fährt, muß sogar den Scheibenwischer betätigen, denn nun beschlagen die Scheiben von außen.
Immer tritt die gleiche Erscheinung auf: Luft gibt beim Abkühlen Feuchtigkeit in Form von Wassertröpfchen an die kältere Umgebung ab.

Im Badezimmer: Tür und Fenster sind geschlossen, in der Wanne dampft heißes Badewasser. Bald schlagen sich aus der feuchten Luft kleine Wassertropfen nieder, zum Beispiel am Spiegel, am Fensterglas und an den Kacheln. Auch am Kaltwasserzulauf des Wasserhahns befinden sich kleine Tropfen, am Heißwasserzulauf allerdings nicht – warum?

Die mit *Wasserdampf* gesättigte Luft gibt sofort Wassertröpfchen ab, wenn sie sich abkühlt, wie zum Beispiel am Metall des Kaltwasserzulaufs. Am Heißwasserzulauf kühlt sie aber nicht ab, im Gegenteil, hier erwärmt sie sich. Deshalb ist dieses Metallrohr selbst dann noch trocken, wenn sich auf allen anderen Flächen im Badezimmer schon Wassertropfen niedergeschlagen haben.

An einem kalten Herbst- oder Wintermorgen sind manchmal Wiesen und Bäume von einer dünnen Eisschicht überzogen, die ein bißchen wie Zuckerguß aussieht. Wie kommt es zu diesem hübsch anzusehenden Schauspiel?

Kühlt der Boden unter 0 °C ab, dann gefrieren die von der abgekühlten Luft ausgeschiedenen kleinen Wassertröpfchen, der Tau, zu Eis: Feine Eiskristalle überziehen dann Wald und Flur. Man nennt dies *Reif.*

Ausgerechnet mitten im heißen Hochsommer fällt manchmal Eis vom Himmel. Man nennt diese Erscheinung *Hagel*. Wie entsteht er?

An einem heißen Sommertag erwärmt sich der Erdboden recht stark. Vom Boden steigt deshalb Warmluft auf. Diese Luftströmung kann so heftig sein, daß sie nach unten fallende Regentropfen in die Höhe reißt. Dabei gelangen die Tropfen in sehr kalte Luftschichten und gefrieren zu Eis. Beim Herabfallen werden sie von einer Wasserschicht umgeben, die ebenfalls gefriert, wenn die kleinen *Hagelkörner* wieder in die Höhe gerissen werden. Dieses Auf und Ab wiederholt sich so lange, bis die Hagelkörner zu schwer geworden sind, um erneut nach oben getragen zu werden.

Wenn man nach einem Gewitter mit Hagelschlag ein Hagelkorn von der Erde aufhebt und in der Mitte durchschneidet, kann man sehen, wie sich das Eis wie die Schichten einer Zwiebel übereinandergelegt hat. An der Zahl der Schichten erkennt man, wie oft das Hagelkorn auf und ab gestiegen ist.

Was ist eigentlich Schnee?

*E*twa gefrorenes Wasser? Nein. Bei den mächtigen Eisplatten auf Seen und Flüssen handelt es sich um gefrorenes Wasser. Auch Hagel besteht aus gefrorenem Wasser; Hagelkörner bilden sich in der Luft aus kleinen Wassertröpfchen.

Schnee besteht aus sehr feinen, sechsstrahligen Eiskristallen, die sich direkt aus dem Wasserdampf der Luft bilden. Dazu ist eine Temperatur von 0 °C oder darunter erforderlich. Viele dieser Eiskristalle vereinigen sich und fallen als Schneeflocken auf die Erde.

Was muß in der kalten Winterluft außer dem Wasserdampf noch vorhanden sein, damit sich Schneeflocken bilden können?

In der Luft müssen sich auch kleine *Staub*teilchen als „Keime" befinden, an denen sich die Eiskristalle der Schneeflocken bilden können.

der Keim

Warum ist nach ausgiebigen Schneefällen die Luft selbst in Gegenden mit vielen Industrieabgasen besonders rein?

Die Schneeflocken nehmen so ziemlich alles mit sich mit, was frei in der *Luft* schwebt, also zum Beispiel Staub und Ruß. Daher ist die Luft auch in Gegenden, wo viele Stoffe in kleinsten Teilchen durch die Kamine von Fabriken oder Kraftwerken ins Freie gelangen, nach Schneefällen viel reiner als sonst.

Wie die Teekanne
Bauch samt Schnabel
voll bekommt –
in *verbundenen Gefäßen*
sucht und findet sich
so manches . . .

Eine dickbauchige Teekanne ist mit Tee gefüllt. Vorne ragt ein langer Schnabel empor, auch er ist bis oben voller Tee – warum?

In miteinander *verbundenen Gefäßen* liegen die Oberflächen einer Flüssigkeit gleich hoch. Dies gilt auch dann, wenn die Oberflächen gar nicht direkt miteinander verbunden sind wie bei diesem Beispiel.

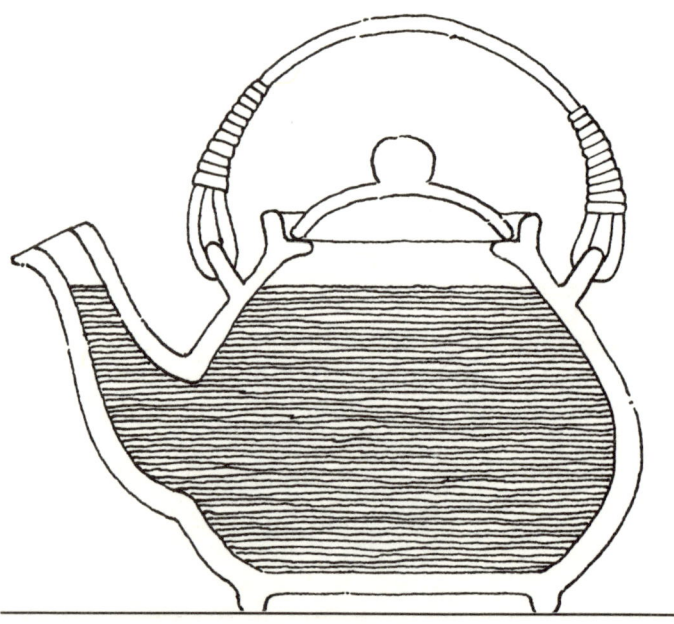

Ein Bagger hebt eine Baugrube aus. Hier soll ein Haus entstehen. Die Grube füllt sich jedoch langsam mit Wasser. Wo kommt denn dieses Wasser her?

Auch im Erdreich gilt das Prinzip der *verbundenen Gefäße*. Wenn in der Nähe der Baugrube ein See oder ein Teich liegt, dann steigt in der Grube so lange das *Wasser*, bis in See und Grube der Wasserspiegel gleich hoch ist. Die beiden „Gefäße" sind nämlich durch feine Poren im Erdreich miteinander verbunden.

Warum kommt selbst im zehnten Stock eines Hochhauses das Wasser noch mit viel Druck aus der Leitung, wenn man den Wasserhahn aufdreht? Steht im Keller eine Pumpe, die das Wasser in die Höhe treibt?

Das gesamte Wasserleitungsnetz bildet ein System von *verbundenen Gefäßen*. Wenn der Wasserbehälter, aus dem das *Wasser* in die Leitungen eingespeist wird, hoch genug liegt, herrscht überall, auch in Hochhäusern, genügend Wasserdruck. Schließlich will das Wasser überall in die Höhe des Wasserspiegels im Wasserbehälter steigen! Solche Wasserbehälter werden also auf Hügeln oder Bergen angelegt, und in flachen Gegenden baut man Wassertürme, um immer genügend Druck in der Wasserleitung zu haben.

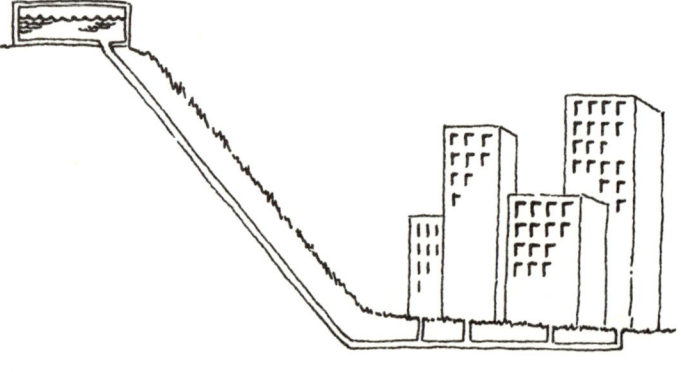

Ein Salto mortale am
Wasserhahn –
wie durch *Adhäsion*
Wasser bergauf
wandert . . .

Wenn man ein Löschblatt in Wasser taucht, steigt das Wasser im Löschblatt hoch. Im Löschblatt befinden sich feine Röhrchen und Poren; nach dem Prinzip der *verbundenen Gefäße* müßte der Wasserspiegel im Glas und in den Röhrchen des Blattes doch gleich hoch sein?

Zwischen den Röhrchen und dem Wasser herrscht eine Anziehungskraft, die stärker ist als die Schwerkraft (die das Wasser nach unten zieht) und die Kohäsionskraft (die die kleinen Wasserteilchen zusammenhält). Diese Kraft nennt man *Adhäsionskraft*. Sie bewirkt zum Beispiel auch, daß der Wasserspiegel in einem Glas nicht überall gleich hoch ist: Am Rand wölbt sich die Wasseroberfläche nach oben.

Ein *Wassertropfen* hängt am Wasserhahn. Der Tropfen wird allmählich größer und schwerer, aber noch bleibt er hängen. Was verhindert, daß er sofort herabfällt?

Zwischen Wassertropfen und Wasserhahn wirkt eine Haftkraft, die *Adhäsion*. Erst wenn die nach unten wirkende Schwerkraft durch die Zunahme des Tropfens größer wird als diese Haftkraft, löst sich der Tropfen und fällt herab.

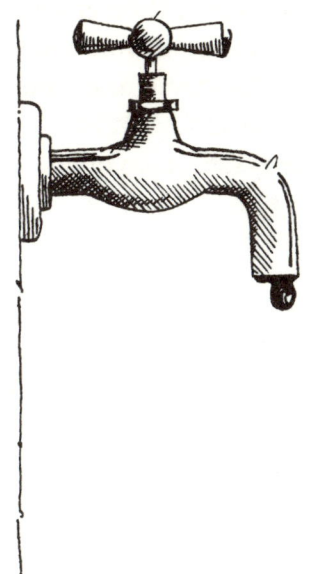

Eine mit Wasser gefüllte Schüssel steht auf dem Tisch. Irgend jemand hat ein Tuch so über den Schüsselrand hängen lassen, daß es mit dem einen Ende ins Wasser getaucht ist und mit dem anderen über den Tischrand hängt. Was wird geschehen?

Ein paar Stunden später wird dieser „Jemand" die Bescherung aufwischen müssen: Das gesamte Wasser ist nämlich auf den Fußboden getropft. Durch die *Adhäsionskraft* wurde das Wasser durch die feinen Poren des Stoffgewebes über den Schüsselrand gesaugt und tropfte hinunter auf den Boden. Auf diese Weise kam übrigens der berühmte Physiker Michael Faraday vor über einhundertfünfzig Jahren der Adhäsion auf die Spur. Man sieht: Schlamperei kann der Wissenschaft dienen, unnötige Arbeit (hier das Wasseraufwischen) bringt sie trotzdem mit sich.

Wieso kann man Blumenstöcke dadurch mit Wasser versorgen, daß man lediglich in den Untersatz Wasser gießt?

Auch in Erde herrscht die *Adhäsionskraft.* Sie läßt das Wasser nach oben steigen. Nach dem gleichen Prinzip wandert auch der Saft in den Pflanzen in die Höhe.

Regenwürmer sind schon allein dadurch nützlich, daß sie im Erdreich unterwegs sind. Warum eigentlich?

Regenwürmer schaffen in der Erde viele kleine Gänge. Und diese fein verästelten Gänge ermöglichen es auch, daß durch die *Adhäsionskraft* Feuchtigkeit aus den wasserführenden Schichten ins trokkenere Erdreich gelangt und die Pflanzen so mit Wasser versorgt werden. Außerdem wird der durch die feinen Gänge aufgelockerte Boden besser mit Sauerstoff versorgt, was ebenfalls dem Pflanzenwachstum zugute kommt.

Hausmauern sind manchmal feucht. Der Haus-
eigentümer wird versuchen, durch gute Belüftung
die Mauern abtrocknen zu lassen, doch manchmal
nützt das nichts. Was kann die Ursache sein für solche dauerhafte Feuchtigkeit?

Mauern aus Ziegelstein haben feine Poren und
Zwischenräume. Durch sie kann Wasser mit Hilfe
der *Adhäsionskraft* hochsteigen. Will man ein solches Hochsteigen von Feuchtigkeit aus dem Erdreich verhindern, so muß man ins Mauerwerk was-
serundurchlässige Schichten einfügen.

Sogar Stecknadeln können schwimmen – auf dem Wasser geht es spannend zu . . .

Eine Stecknadel besteht aus Stahl, und der ist viel schwerer als Wasser. Also müßte eine Stecknadel im Wasser versinken. Jedoch: Legt man sie behutsam auf eine Wasseroberfläche (zum Beispiel in einem Wasserglas), so schwimmt sie. Wie ist das zu erklären?

Es ist die *Oberflächenspannung* des Wassers, die die Stecknadel an der Oberfläche hält. Auch Wasser besteht aus vielen winzigst kleinen Teilchen, Moleküle genannt. An der Oberfläche einer Flüssigkeit haben sie das Bestreben, möglichst fest zusammenzuhalten. Die Oberflächenspannung reicht aus, um eine Stecknadel oder auch eine Rasierklinge auf dem Wasser schwimmen zu lassen.

Beim Wasserkochen fallen manchmal einige Wassertropfen auf die noch heiße Herdplatte. Warum tanzen diese Tröpfchen dann als kleine Kügelchen auf der Platte umher?

Berührt ein *Wassertropfen* die heiße Herdplatte, dann bildet sich sofort um ihn herum eine Dampfschicht. Dieser Dampfmantel schützt den Tropfen für kurze Zeit vor der Hitze. Durch die Oberflächenspannung des Wassers behält jeder Tropfen seine Kugelform. Die Dampfschicht verflüchtigt sich, eine neue bildet sich, die sich ebenfalls verflüchtigt. Auf diese Weise wird der tanzende Tropfen immer kleiner und ist bald völlig verschwunden.

Warum man Salz ins Kochwasser tut – auf den *Siedepunkt* kommt es an . . .

Beim Erhitzen von Wasser in einem Topf auf einer Herdplatte kann man mit einem Thermometer gut das Ansteigen der Wassertemperatur beobachten. Doch wie heiß die Herdplatte auch sein mag, die Temperatur des Wassers steigt nicht über 100 °C. Warum?

Jede Flüssigkeit geht bei einer bestimmten Temperatur in den gasförmigen Zustand über. Dieser *Siedepunkt* liegt in Meereshöhe beim Wasser bei 100 °C.

Die kleinen Wasserteile, die Moleküle, sind ständig in Bewegung. Beim Erhitzen steigert sich die Bewegung der Moleküle weiter, bis sie in den gasförmigen Zustand übergehen. Wenn der Siedepunkt erreicht ist, durchbrechen zuerst einige von ihnen die Wasseroberfläche und werden zu Dampf. Beim sprudelnden Kochen entweichen große Mengen an Wassermolekülen als Dampf aus dem Kochtopf.

Kartoffeln werden in *Salzwasser* schneller gar – warum?

Die Zugabe von Salz erhöht den Siedepunkt. So wird das Wasser heißer als 100 °C, bevor es in den gasförmigen Zustand übergeht. Bei größerer Hitze aber werden die Kartoffeln schneller gar.

Die Wassermoleküle werden bei ihrer schnellen Bewegung durch Fremdkörper, hier das Salz, behindert. Daher muß mehr Wärme zugeführt werden, und die Moleküle erreichen erst bei höheren Temperaturen die Geschwindigkeit, bei der sie gasförmig werden.

Warum kocht Wasser auf einem hohen Berg schon bei Temperaturen weit unterhalb von 100 °C?

Mit zunehmender Höhe nimmt der Luftdruck ab. Daher herrscht auf einem hohen Berg ein viel geringerer *Luftdruck* als zum Beispiel auf Meereshöhe. Bei geringerem Luftdruck sinkt aber der *Siedepunkt* des Wassers, es kocht also schon bei einer geringeren Temperatur.

Warum wird in der Küche oft ein Dampfkochtopf verwendet?

Bei einem *Dampfkochtopf* mit verschließbarem Deckel kann der Dampf nicht entweichen, daher entsteht im Inneren ein *Überdruck.* Durch den Überdruck erhöht sich der Siedepunkt der Flüssigkeit, und die Speisen werden schneller gegart. Auch bei einem herkömmlichen Kochtopf erhöht man den Siedepunkt des Wassers, wenn man den Topf mit einem Deckel versieht. Außerdem vermeidet man so, daß über dem Topf viel Wärme verlorengeht.

Boote fahren mal auf,
mal unter
der Wasseroberfläche –
wie der *Auftrieb*
selbst Eiern das Schwimmen
beibringt . . .

Wenn man versucht, einen leeren Plastikbecher mit der Öffnung nach oben unter Wasser zu drücken, dann spürt man beim Eintauchen eine Kraft, die dieser Bewegung entgegenwirkt. Diese Kraft ist um so stärker, je weiter man den Becher unter Wasser drückt. Läßt man den Becher los, kurz bevor Wasser in ihn fließen kann, so schnellt er in die Höhe. Welche geheimnisvolle Kraft bewirkt das?

Die Kraft, die einem in eine Flüssigkeit eintauchenden Gegenstand entgegenwirkt, nennt man *Auftrieb*. Der Auftrieb ist genau so groß wie das Gewicht der verdrängten Flüssigkeit. So einfach ist das: Wenn das Gewicht eines Gegenstandes geringer ist als das Gewicht des Wassers, das er verdrängt, dann schwimmt er.

Wirft man ein Stück Knetmasse ins Wasser, so geht es selbstverständlich unter. Was kann man tun, damit die gleiche Menge Knetmasse nicht versinkt?

*F*orme aus der Knetmasse einen dünnwandigen Schiffsrumpf und lege ihn auf die Wasseroberfläche – er schwimmt! Die Knetmasse verdrängt nun eine größere Menge Wasser. Diese Wassermenge hat ein größeres Gewicht als die Knetmasse. Darum bewirkt der *Auftrieb*, daß das Stück Knetmasse schwimmt.

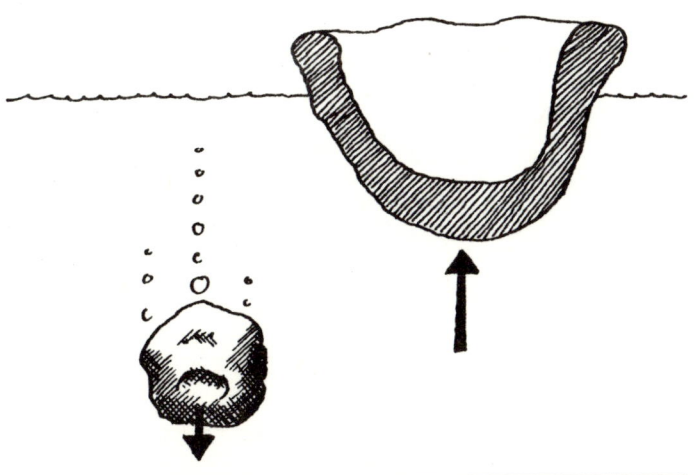

Ein Stück Eisen versinkt natürlich im Wasser. Schiffe werden aus sehr viel Eisen und Stahl gebaut und gehen trotzdem nicht unter. Wie ist das möglich?

Schiffe haben viele Hohlräume. Und diese Hohlräume sind natürlich mit leichter Luft gefüllt. Schiffe verdrängen aber auch sehr viel Wasser – und diese enorme Wassermenge ist schwerer als das gesamte Schiff. Daher wird auch ein schweres Stahlschiff durch den *Auftrieb* getragen.

Ein Unterseeboot kann ganz nach Belieben an der Wasseroberfläche schwimmen oder untertauchen. Und es kann aus den Meerestiefen wieder aufsteigen. Ist ein solches Boot denn nicht immer gleich schwer?

Auch ein *Unterseeboot* nutzt den *Auftrieb* zum Schwimmen. Wenn es untertauchen will, werden Wassertanks geflutet, so daß sich das Gesamtgewicht erhöht und das Boot unter Wasser sinkt. Zum Auftauchen werden die Tanks mit Hilfe von Preßluft „ausgeblasen", der Auftrieb trägt das Boot nun wieder an die Oberfläche.

Lege ein rohes Ei vorsichtig in ein Glas Wasser. Es versinkt. Wenn du nun aber zwei Eßlöffel Salz ins Wasser gibst, taucht das Ei plötzlich wieder auf. Warum?

Durch das Zugeben von Salz wird das Wasser schwerer, es erhält eine größere *Dichte*. Und wenn die Dichte des Wassers größer ist als die des Eies, dann schwimmt das Ei.

Den Rauminhalt eines Würfels kann man leicht er-
rechnen: Man muß Länge, Breite und Höhe miteinander malnehmen. Doch wie ist das bei einem Stein,
der doch ganz unregelmäßig geformt ist?

Den *Rauminhalt* eines unregelmäßig geformten
Körpers, zum Beispiel eines *Steins*, kann man bestimmen, indem man den Rauminhalt des Wassers
ermittelt, den dieser Körper verdrängt.
Fülle einen Haushaltsmeßbecher bis zu einer bestimmten Marke (zum Beispiel 500 cm³) mit Wasser.
Wenn du nun den Stein ins Wasser gibst und den
neuen, höheren Wasserstand abliest, dann ergibt
sich der Rauminhalt des Steins aus der Differenz des
neuen Wasserstands zum ursprünglichen.

III.
Von Heißem und Kaltem –
Wärme kommt nicht immer leicht voran

Wie schlaue Näherinnen ihre Finger schützen – auch Vögel wissen über *Wärmeleitung* Bescheid . . .

Von Sonnenaufgang an erwärmt die Sonne die Erdoberfläche. Daher müßte eigentlich die Temperatur
auf der Erde tagsüber dauernd ansteigen und
abends kurz vor Sonnenuntergang am höchsten
sein. Warum ist es aber schon etwa um 14 Uhr am
wärmsten, und warum nimmt danach die Temperatur wieder ab?

Die Erde strahlt die erhaltene *Wärme* auch wieder
ab. Nach 14 Uhr strahlt vom Erdboden schon mehr
Wärme zurück in den Weltraum, als von der Sonne
her einstrahlt, daher sinkt die Temperatur wieder.
Die Tagestemperatur wird aber auch von kalten
oder warmen Luftströmungen beeinflußt.

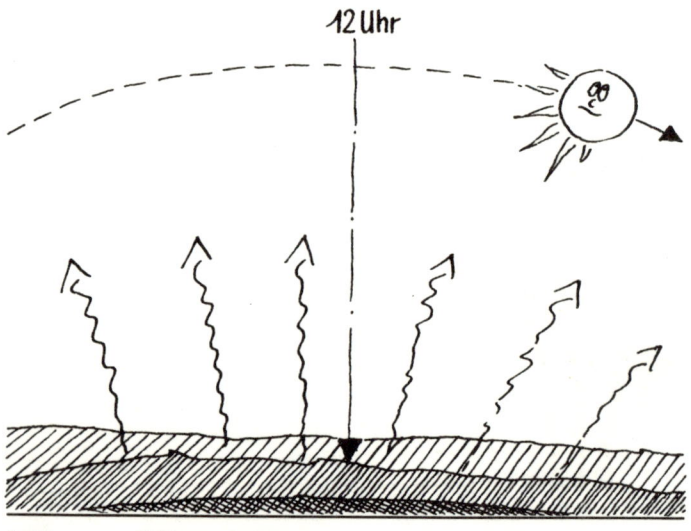

Warum wird es mitten in der Wüste Sahara nachts bitter kalt? Schließlich ist es hier doch tagsüber ungeheuer heiß, denn die Sonne brennt vom wolkenlosen Himmel herab.

Daß hier der Himmel ganz wolkenlos ist, ist ein Grund für die nächtliche Kälte. Der Sandboden gibt die tagsüber eingestrahlte Sonnenwärme sehr rasch wieder ab. Bei bewölktem Himmel aber würde es nachts bei weitem nicht so sehr abkühlen, denn die *Wärme* könnte dann nicht völlig ungehindert ins Weltall abstrahlen. Wolken halten wie ein Kissen die Erde warm.

Bläst man gegen eine brennende Kerze, so kann es sein, daß sie verlöscht. Bläst man aber gegen ein schwach glimmendes Holzstück, so wird es dadurch zu einer hell lodernden Glut entfacht oder beginnt gar zu brennen. Warum hat der gleiche Vorgang, das Blasen, hier zwei gegensätzliche Wirkungen?

Feuer braucht zum Brennen *Sauerstoff,* und der ist in Luft enthalten. Darum glüht ein gerade noch glimmendes Holzstück hell auf, wenn man ihm frische Luft, also auch Sauerstoff, zuführt. Auch die Kerze benötigt Sauerstoff zum Brennen. Beim Blasen gegen die Flamme kann es aber passieren, daß die von der Flamme aufsteigenden heißen Verbrennungsgase vom kühlen Luftstrom gänzlich fortgeblasen werden. Dadurch wird die Entzündungstemperatur des Kerzendochtes unterschritten, und die Flamme erlischt.

Beim Nähen benötigt man manchmal einen Fingerhut. Und manche Näherinnen hauchen erst in den Fingerhut, bevor sie ihn verwenden. Sind sie vielleicht abergläubisch, oder sollte dieses Hauchen doch irgendeinen praktischen Nutzen haben?

Beim Aufsetzen des Fingerhutes wird die Luft zusammengepreßt, und durch den so entstehenden Überdruck sitzt der Fingerhut nicht besonders gut. Die eingehauchte Luft aber ist warm, und diese zieht sich beim Abkühlen zusammen. Durch das Einhauchen wird also ein Überdruck vermieden, oder die sich zusammenziehende Luft wirkt sogar ansaugend und hält den Fingerhut besonders gut fest.

Wärmeleitung   125

Zwei Kerzenhalter stehen tagsüber auf der Fensterbank; in jedem steckt eine weiße Kerze. Am Abend steht eine der Kerzen nicht mehr aufrecht, sie ist umgeknickt. Was ist geschehen?

Es ist kein „Materialfehler", der die eine Kerze fast in sich zusammensinken ließ. Es gibt nämlich eine viel einfachere Erklärung: Einer der Kerzenhalter ist weiß, der andere aber schwarz. Und die durchs Fenster eindringenden Sonnenstrahlen wurden vom weißen Kerzenhalter zurückgeworfen, während sie vom schwarzen regelrecht geschluckt wurden. Dadurch hat sich der schwarze Halter erwärmt, und diese Wärme hat er langsam an die Kerze abgegeben. Das nun weichere Wachs hat die Kerze nicht mehr in ihrer ursprünglichen Form halten können, die nach unten ziehende Schwerkraft hat sie einknikken lassen.

Es ist wirklich keine empfehlenswerte Methode, aber so wurde früher tatsächlich geprüft, ob ein Bügeleisen schon so richtig heiß ist: Man hielt einfach einen Finger unten ans Eisen. Verbrannte man sich dabei nicht ordentlich?

Die Hausfrauen früher wußten schon, was sie taten, sie haben sich keineswegs die Finger verbrannt! Bei diesem „Fingertest" ist es ganz wichtig, daß der Finger feucht ist, wenn er das heiße *Bügeleisen* berührt. Denn die Hitze des Bügeleisens läßt zuerst die Feuchtigkeit am Finger verdampfen, bevor womöglich die Haut verbrannt wird. Wer also schnell genug den Finger vom Bügeleisen zurückzieht, läuft keinerlei Gefahr – und weiß doch, ob die nötige Hitze erreicht ist.

Warum fühlt sich ein Metallgriff viel kälter an als ein Holzgriff, auch wenn beide die gleiche Temperatur haben?

Metall ist ein guter *Wärmeleiter* und nimmt Wärme rasch auf. *Holz* dagegen ist ein schlechter Wärmeleiter. Bei Holz geht der Wärmeausgleich zwischen Hand und Griff langsamer vor sich, daher scheint es wärmer zu sein. Metall aber leitet die von der Hand kommende Wärme schneller ab und wirkt also kälter.

Heutzutage ist es ein Gebot der Stunde, mit Energie sparsam umzugehen. Beim Heizen im Winter entweicht aber einige Wärme, also Energie, durch die *Fenster*. Wäre es daher nicht sinnvoll, Fenster mit doppelt so dicken Glasscheiben einzubauen?

Sinnvoller als eine doppelt dicke Glasscheibe ist die Verwendung von zwei (oder sogar drei) Scheiben. Denn Luft leitet *Wärme* viel schlechter als *Glas*. Daher isoliert die Luft zwischen den Scheiben besser als eine dickere Glasscheibe.

Warum verwendet man beim Bauen Ziegel, die innen Hohlräume haben?

Luft leitet *Wärme* nicht besonders gut, vor allem, wenn sie nicht in Bewegung ist. Die ruhende Luft in den Hohlräumen der Ziegel bewirkt, daß im Sommer die Hitze und im Winter die Kälte nicht so gut ins Innere des Gebäudes geleitet werden.

Im strengen Winterfrost sitzen Vögel oft scheinbar ziemlich verloren auf den verschneiten Ästen und Zweigen und plustern ihr Gefieder gehörig auf. Wollen sie damit etwa ihren Artgenossen imponieren?

Mit Imponiergehabe hat dieses Aufplustern ganz und gar nichts zu tun. Es ist für die Vögel vielmehr lebensnotwendig. Dadurch vergrößern sie nämlich die Luftzwischenräume in ihrem Gefieder, und diese Lufthülle ist ein wichtiger Schutz in der kalten Jahreszeit. Luft ist ein schlechter Wärmeleiter: Daher wird durch das aufgeplusterte Gefieder die Eiseskälte besser vom Körper der Vögel abgehalten, und die Vögel werden vor dem Erfrieren bewahrt.

Warum erfriert an einem sehr kalten Tag die Saat im Boden nicht so leicht, wenn die Erde von einer dicken Schneeschicht bedeckt ist?

Schnee ist ein schlechter *Wärmeleiter.* Deshalb schützt er den Erdboden vor Auskühlung, indem er sowohl den Boden als auch die Saat von der kalten Luft isoliert.

Heizkörper werden warm, sobald man sie aufdreht. Wie gelangt das im Heizkessel erhitzte Wasser in die Heizkörper, ist dazu eine Pumpe erforderlich?

Warmes Wasser ist leichter als kaltes. Bei der einfachsten Form einer Warmwasser*heizung* steigt es vom Heizkessel im Keller über ein Rohr hinauf bis unters Dach und wird von dort in die darunter liegenden Heizkörper geleitet. Bei dieser Technik gelangt aber schon abgekühltes Wasser in die unteren Heizkörper. Daher wird manchmal auch ein Zweirohrsystem angewendet, bei dem über ein zweites Rohr heißes Wasser auch in die unteren Etagen geleitet wird.

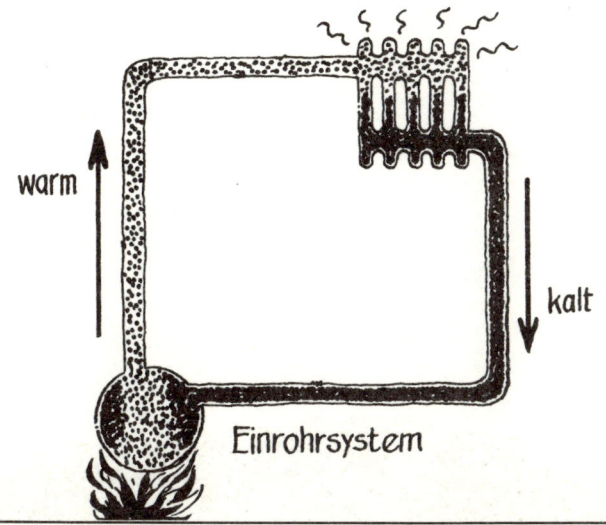

warm

kalt

Einrohrsystem

Sinnvoll kann es auch sein, besonders bei höheren Gebäuden, den Wasserumlauf über eine Pumpe zu regeln. Eine solche Pumpe saugt entweder das heiße Wasser aus dem Heizkessel und drückt es durch die Leitungen in die Heizkörper und zurück zum Kessel, oder sie saugt das abgekühlte Wasser aus den Heizkörpern und drückt es in den Heizkessel. In beiden Fällen ist gewährleistet, daß alle Heizkörper vom heißen Wasser durchflossen werden.

Warum sind Heizkörper meist nicht hoch, und warum wählt man für sie vor allem den Platz unter den Fenstern als Standort?

Da kühle Luft immer nach unten sinkt, sollen *Heizkörper* immer in Bodennähe angebracht sein, damit sie diese Luft erwärmen können. Um ihre Aufgabe erfüllen zu können, müssen sie also nicht bis zur Decke reichen, denn dort oben ist die Raumluft sowieso am wärmsten.

Man bringt Heizkörper unter Fenstern an, da hier immer ein wenig Kaltluft eindringt und diese durch einen Heizkörper gleich erwärmt wird, bevor sie groß „Schaden anrichten" kann. Die vom Heizkörper aufsteigende Warmluft schirmt den Raum zusätzlich vor eindringender kalter Zugluft ab.

Wärmeleitung   **135**

Wenn ein Fettauge
in der Suppe blinzelt –
was mit
heißen Flüssigkeiten
passiert . . .

Wenn man Wasser erhitzt, steigen in ihm kleine Bläschen auf. Woher kommen diese Bläschen?

Es sind Luftblasen, die dem Wasser entweichen. In Wasser können nämlich nicht nur Zucker, Salz und ähnliche Stoffe gelöst werden, sondern auch Gase! Kaltes Wasser kann mehr Gas aufnehmen als warmes, daher steigen beim Erhitzen Gasbläschen auf.

Warum kann man sich beim Löffeln einer Suppe besonders leicht den Mund verbrennen?

Auf der Oberfläche vieler Suppen, zum Beispiel Fleischbrühen, schwimmt eine Fettschicht. Der *Siedepunkt* des Fettes liegt aber sehr viel höher als der von Wasser. Das Wasser der Suppenflüssigkeit verdampft bei 100 °C, während die Fettschicht ohne weiteres 150 °C heiß sein kann, ohne zu verdampfen. Daher ist diese Fettschicht auch beim Essen noch um einiges heißer als die eigentliche Suppenflüssigkeit.

Wie kann man Wasser schneller erhitzen – auf einer Herdplatte oder mit einem Tauchsieder?

Bei der Herdplatte gelangt nur ein Teil der erzeugten Wärme nach oben in den Kochtopf, ein großer Teil geht aber an die Luft verloren. Beim *Tauchsieder* wird das Wasser schneller erhitzt, da dieser seine Wärme direkt in der Flüssigkeit abgibt und also keine Wärmeverluste auftreten.

Warum wird für die Messung von Temperaturen in *Thermometern* Quecksilber verwendet und nicht einfach Wasser?

Wasser dehnt sich bei Temperaturveränderungen nicht gleichmäßig aus – diesen Umstand bezeichnet man als die *Anomalie* des Wassers (s. S. 67 ff.). Bei 4 °C nimmt es den geringsten Raum ein und dehnt sich dann sowohl bei Erwärmung als auch bei Abkühlung aus. Bei 5 °C würde ein Wasserthermometer also den gleichen Wert anzeigen wie bei 3 °C.
Ein mit Wasser gefülltes Thermometer könnte übrigens nur Temperaturen zwischen 0 °C und 100 °C anzeigen, denn Wasser gefriert bei 0 °C und verdampft bei 100 °C.
Quecksilber dagegen dehnt sich bei Erwärmung sehr gleichmäßig aus. Es gefriert erst bei –39 °C und siedet bei einer Temperatur von 357 °C.

Hält man ein *Thermometer* in eine heiße Flüssigkeit, so erwartet man eigentlich, daß der Quecksilberfaden auf der Skala schnell ansteigt und so die höhere Temperatur anzeigt. Das ist aber nicht der Fall: Zunächst zeigt das Thermometer eine geringere Temperatur, der Quecksilberfaden scheint zu fallen! Sollte das Thermometer nicht richtig funktionieren?

Beim Eintauchen in eine heiße Flüssigkeit erwärmt sich zunächst außen das Glas des Thermometers. Dabei dehnt sich das Glas aus. Dies hat zur Folge, daß der noch nicht erwärmte Quecksilberfaden im Inneren einen niedrigeren Wert anzeigt. Erst wenn sich auch das Quecksilber durch die Erwärmung ausgedehnt hat, zeigt es auf der Temperaturskala den richtigen Wert an.

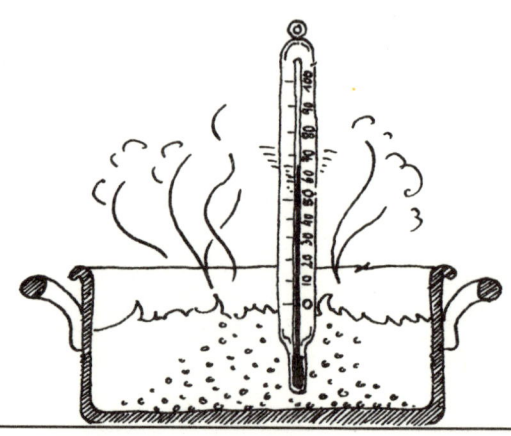

Wie kann man auf bequeme Weise die Temperatur in einem Raum konstant halten?

Den Warmwasserzulauf in einen Heizkörper kann man durch einfaches Auf- und Zudrehen regeln. Man kann dies aber auch einem Temperaturregler, einem *Thermostat*, überlassen. Ein solcher Thermostat blockiert den Warmwasserzulauf zum Beispiel durch ein Ventil, das sich bei einer bestimmten Temperatur schließt. Dazu kann man auch die Eigenschaft der meisten Flüssigkeiten nutzen, sich bei Erwärmung auszudehnen: Eine Flüssigkeit in einem am Zulauf des Heizkörpers angebrachten Fühler dehnt sich aus und drückt gegen eine Feder. Wird eine bestimmte Temperatur überschritten, so überwindet die Flüssigkeit den Gegendruck der Feder und schließt dadurch das Ventil. Kühlt sich die Raumluft und damit auch die Flüssigkeit ab, wird das Ventil durch die Feder wieder geöffnet, denn die Flüssigkeit hat sich wieder zusammengezogen.

Ein Wasserhahn
stellt sich selbst ab –
Temperaturunterschiede
schaden manchmal
dem guten Ton . . .

Wenn man den Warmwasserhahn aufdreht, kann es passieren, daß zunächst heißes Wasser herausfließt und dann der Wasserstrahl schnell immer dünner wird und manchmal ganz versiegt – warum?

Das heiße Wasser erhitzt das Metall des Wasserhahns. Dieses dehnt sich aus und schränkt den Wasserfluß ein. Beim zweiten Aufdrehen, wenn sich das Metall schon ausgedehnt hat, wird das heiße Wasser dann ungehindert fließen.

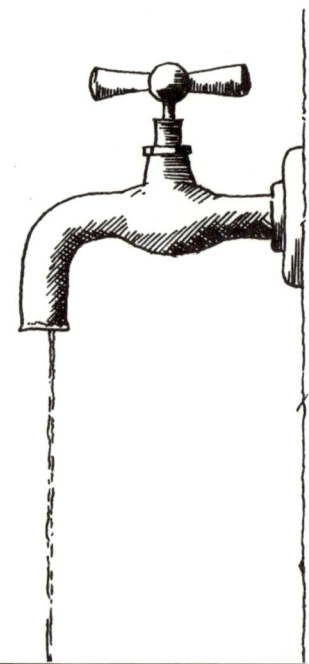

Was ist zu tun, wenn der Metalldeckel auf einem Glas so fest sitzt, daß man ihn auch mit viel Anstrengung nicht aufdrehen kann?

Die einfachste Art, einen festsitzenden Metallverschluß zu lockern, ist, ihn unter heißes Wasser zu halten. Bei der Erwärmung dehnt er sich aus und läßt sich dann meist leicht lockern.

Das wäre eine (un)schöne Überraschung: Das Konzert eines Musikorchesters klingt mehr als unrein, denn viele der Instrumente sind offenbar verstimmt. Dabei haben die Musiker ihre Instrumente doch noch kurz vor dem Auftritt gestimmt?

Erfahrenen Musikern kann so etwas natürlich nicht passieren! Denn sie wissen um die Tücke des Objekts: Vor jedem Konzert muß man einem Musikinstrument genügend Zeit lassen, sich an die Temperatur im Konzertsaal anzupassen. Denn natürlich dehnt sich auch das Material, aus dem ein Instrument gebaut ist, bei Erwärmung aus, und bei Abkühlung zieht es sich zusammen. Wer also eine Geige aus winterlicher Kälte in die wohlige Wärme eines Konzertsaals bringt und sie dann stimmt, der darf sich nicht wundern, wenn die Geige bald nicht mehr den richtigen Ton erzeugt: Die Saiten haben sich infolge der Erwärmung langsam ausgedehnt und müßten neu gestimmt werden.
Wer also den richtigen Ton finden will, der schafft sein Instrument tunlichst früh genug in den Orchesterraum.

Manche Heizlüfter sind mit einem Schalter verse-
hen, mit dem man die gewünschte Temperatur ein-
stellen kann. Das Gerät schaltet sich jeweils ein,
wenn die Temperatur unter diesen Wert absinkt. Ist
der Schalter etwa mit einem Thermometer verbunden?

Wichtigster Teil eines solchen temperaturregeln-
den *Thermostats* ist ein *Bimetallstreifen*. Er besteht
aus zwei verschiedenen Metallstreifen, die aneinan-
dergelötet oder -geklebt sind. Die beiden Metalle
dehnen sich bei Erwärmung verschieden stark aus,
daher krümmt sich ein erwärmter Bimetallstreifen.
Je nach Krümmung wird durch den Streifen ein
Stromkreis und damit der Heizlüfter ein- oder aus-
geschaltet. Auf diese Weise kann die Raumtempera-
tur konstant gehalten werden. Am Schalter wird
durch Drehen festgelegt, bei welcher Temperatur,
also bei welcher Krümmung, der Streifen den
Stromkreis schließen soll.

Wie funktioniert ein automatischer *Feuermelder*?

Ein automatischer Feuermelder nutzt die Eigenschaft eines *Bimetallstreifens*, sich bei Erwärmung, zum Beispiel bei einem Brand, zu krümmen. Durch diese Krümmung kann ein Stromkreis geschlossen werden, durch den eine Alarmklingel ausgelöst oder eine Wassersprühanlage eingeschaltet wird.

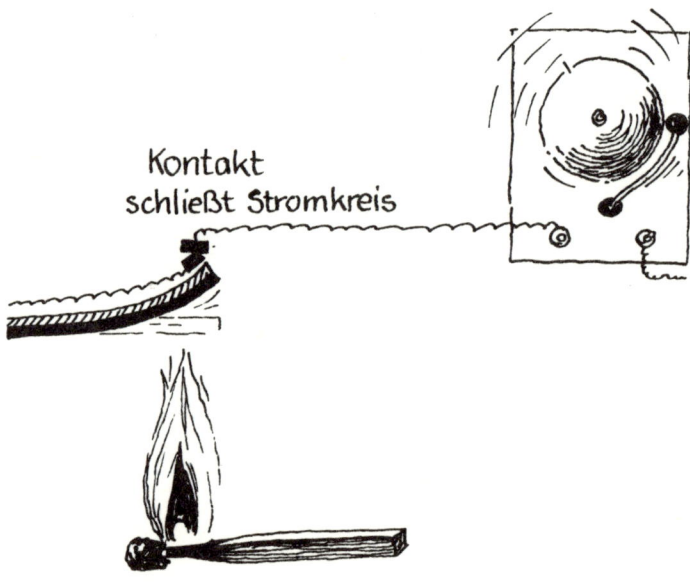

Kontakt
schließt Stromkreis

Bei der *Blinkanlage* eines Autos gehen Lämpchen in ganz regelmäßigen Abständen an und wieder aus. Wodurch wird diese Regelmäßigkeit erreicht?

Durch Betätigen des Blinkhebels wird ein Stromkreis geschlossen, der allerdings immer wieder durch einen kleinen *Bimetallstreifen* unterbrochen wird. Dieser Streifen erwärmt sich durch den fließenden Strom in sehr kurzer Zeit, krümmt sich und unterbricht dadurch den Stromkreis. Die Abkühlung erfolgt ebenso rasch. Der Stromkreis wird also in rascher Folge geschlossen und wieder unterbrochen, was als Blinken der Lämpchen zu beobachten ist.

Wie man im Eis versinken kann – und durch *Kälte* für *Wärme* sorgt . . .

Ein Stein, der auf einem zugefrorenen See liegt, sinkt im Laufe einiger Tage immer weiter ins *Eis* ein. Eis ist doch aber sehr hart, wie kann also ein Stein darin „versinken"?

Die helle Eisoberfläche spiegelt die Sonnenstrahlen zurück, während ein *Stein*, der um einiges dunkler ist als das Eis, die Wärmestrahlung der Sonne in sich aufnimmt. Dabei reicht es aus, daß der Stein sich nur soweit erwärmt, um die ihn umgebende Eisschicht zum Schmelzen zu bringen. Durch sein Gewicht verdrängt er dann das Schmelzwasser und bringt die nächste Eisschicht unter und neben sich zum Schmelzen. So wandert er Schicht für Schicht ins Eis, bis sich sogar über ihm wieder Eis bildet.
Aber auch ohne Sonneneinstrahlung versinkt der Stein allmählich im Eis. Denn allein durch seinen Druck bringt er das Eis ebenso zum Schmelzen – mit der gleichen Folge!

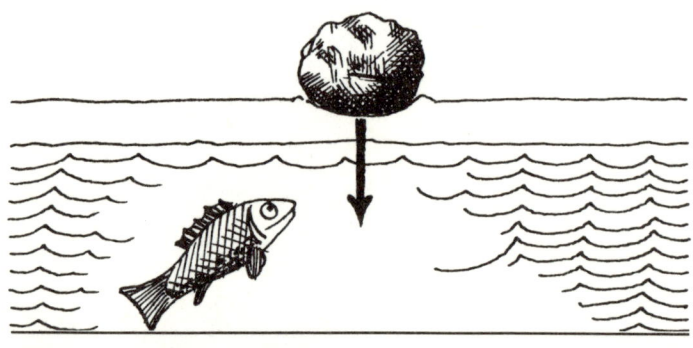

Beim *Schlittschuhlaufen* gleitet man meist nur so über das Eis. Manchmal aber geht's nicht ganz so gut vorwärts. Woran liegt das?

Beim Schlittschuhlaufen gleitet man eigentlich nicht auf dem Eis, sondern auf einem dünnen Wasserfilm. Dieser Wasserfilm wird durch den Druck erzeugt, den der Schlittschuhläufer auf das Eis ausübt. Eis kann nämlich auch durch Druck zum Schmelzen gebracht werden. Wenn es aber besonders kalt ist, schmilzt das Eis durch Druck nicht so schnell, und der Schlittschuhläufer gleitet auf einem dann nur sehr dünnen Wasserfilm, oder er muß sich gar übers Eis „kratzen".

Woher kommt es, daß sich auf schneebedeckten *Rodelbahnen* bald eine Eisschicht bildet?

Unter dem Druck der Schlittenkufen schmilzt der Schnee zu Wasser und gefriert, bei entsprechend tiefer Temperatur, sofort wieder.

Einen *Bob* durch eine kurvige Eisbahn zu steuern, das ist ein schwieriges Unterfangen. Haben die Bobfahrer glücklich ihr Ziel erreicht, dann kommen noch Schiedsrichter daher und messen die Temperatur der Kufen. Was wollen sie dabei überprüfen?

Kufen gleiten dann besonders gut und schnell übers Eis, wenn sie einen Wasserfilm unter sich haben. Und dieser Wasserfilm wird durch den Druck des Bobs auf das Eis erreicht. Wenn allerdings das Eis sehr kalt ist, dann ist es mit dem durch Druck erzeugten Wasserfilm nicht weit her – und da könnte schon manch eine Bobmannschaft auf die Idee kommen, ein wenig nachzuhelfen. Wenn sie nämlich vor dem Start die Kufen ihres Bobs ein wenig anwärmt, dann wird vor allem durch die Wärme ein Wasserfilm auf dem Eis erzeugt. Die Schiedsrichter überprüfen also, ob sich bei einem Wettbewerb eine Bobmannschaft auf schlaue, aber unfaire Weise einen Vorteil gegenüber den anderen Teilnehmern verschafft hat. Heute gilt, daß bei Wettbewerben die Kufen nicht wärmer sein dürfen als 4 °C.

Wie wird in einem *Kühlschrank* künstlich Kälte erzeugt?

Aus dem Innenraum des Kühlschranks wird Wärme nach außen geleitet; dies geschieht mit Hilfe eines Kältemittels. Im Inneren des Kühlschranks verläuft eine Rohrschlange, in dem ein Kältemittel verdampft. Dabei wird der Umgebung Wärme entzogen und so die Temperatur im Kühlschrank herabgesetzt. Der Kältemitteldampf wird nun von einem Kompressor angesaugt und auf einen höheren Druck verdichtet. Der verdichtete Dampf gibt von einem an der Rückwand des Kühlschranks angebrachten Kondensator, einem „Verflüssiger", Wärme an die Außenluft ab. Durch Verdichtung und Wärmeabgabe wird das Kältemittel wieder verflüssigt. Bevor es nun wieder ins Innere des Kühlschranks gelangt, wird es auf geringeren Druck entspannt, und der Kreislauf beginnt von vorne.

In manchen Wohnhäusern steht eine „*Wärme-pumpe*" im Keller. Sie schafft im Winter einen Teil der Heizwärme direkt aus der Außenluft oder aus dem Erdreich herbei. Dies gelingt sogar, wenn es draußen bitter kalt ist. Wie funktioniert eine solche „Wärmepumpe"?

Eine Wärmepumpe arbeitet im Grunde genauso wie ein Kühlschrank. Wie bei diesem wird zum Beispiel der Luft Wärme entzogen, die über ein Kälte-mittel weitergeleitet und wieder abgegeben wird. Beim Kühlschrank wird die überschüssige Wärme nach außen abgegeben, denn hier kommt es auf die künstlich erzeugte Kälte an.

Bei der Wärmepumpe aber will man gerade die Wärme nutzen: Die Außenluft kühlt sich dabei ein wenig ab, dafür gelangt Wärme ins Innere des Hauses.

IV.
Von feinen Klängen und unfeinem Lärm – Schallquellen haben es mit *Akustik* zu tun

Warum zwei Ohren
so praktisch sind –
und man mit ihnen
doch nicht alles *hören*
kann . . .

Drücke ein Ende eines Lineals auf eine Tischplatte. Laß das andere Ende über die Platte hinausragen und stoße es so an, daß es schwingt. Warum erzeugt das Lineal jetzt ein Geräusch?

Das schwingende Lineal versetzt die Luft in *Schwingung* und erzeugt auf diese Weise *Schall*. Jede Art von Schall wird durch einen schwingenden Körper erzeugt, zum Beispiel durch die angeschlagene Saite eines Musikinstruments oder durch das Vibrieren unserer Stimmbänder beim Sprechen. Die Schwingungen breiten sich von einer Schallquelle her in der Luft aus und können gehört werden, wenn sie an unser Ohr gelangen.

Töne hören sich verschieden an. Manche nennt man „hoch" oder „hell", andere dagegen „tief" oder auch „dunkel". Woher kommt es, daß es solche verschiedenen Töne gibt?

Jeder Ton wird durch einen schwingenden Körper erzeugt. Je mehr *Schwingungen* pro Sekunde stattfinden, um so „höher" ist der erzeugte Ton. Die Anzahl der Schwingungen pro Sekunde nennt man *Frequenz*; 1 Schwingung pro Sekunde nennt man „1 *Hertz*". Das menschliche Ohr kann nur solche Töne wahrnehmen, die Frequenzen von etwa 20 Hertz bis 20 000 Hertz haben.

Ein schnell fahrendes Auto macht ziemlichen Lärm. Wenn sich ein Auto nähert, hört sich sein Fahrgeräusch viel heller an als nach dem Vorüberfahren, denn dann „brummt" es in einem dunklen Ton davon. Warum verändert sich für einen Hörer am Straßenrand das Fahrgeräusch eines Autos?

Das Auto gibt bei gleichmäßiger Fahrt immer dasselbe Geräusch von sich. Die ausgesandten *Schwingungen*, die *Schallwellen*, erreichen aber den Hörer in kürzeren Abständen, wenn sich das Auto schnell auf diesen zubewegt. So wird eine höhere *Frequenz* erreicht, und Töne mit höherer Frequenz klingen heller. Entfernt sich das Auto aber schnell, wird die Frequenz der Schallwellen durch die Geschwindigkeit vermindert, und das Geräusch wird somit dunkler. Man nennt diese Erscheinung *Doppler-Effekt*.

Wenn wir hinter uns ein Geräusch hören, können wir normalerweise sehr genau bestimmen, aus welcher Richtung dieses Geräusch kommt, obwohl wir den Verursacher des Geräuschs gar nicht sehen können. Wie ist dieses Richtungshören möglich?

Schall breitet sich in der Luft gleichmäßig aus, mit einer Geschwindigkeit von etwa 340 Metern in der Sekunde. Jeder Mensch hat zwei *Ohren*, und diese liegen einige Zentimeter voneinander entfernt. Schall, der von links an unseren Kopf dringt, kommt also einige winzige Sekundenbruchteile eher beim linken als beim rechten Ohr an. Und dieser kleine Unterschied reicht unserem Hörsinn aus, um die Herkunftsrichtung des Schalls recht genau bestimmen zu können!

Wie kann man die Entfernung eines Gewitters bestimmen?

Jedem ist schon aufgefallen, daß man bei einem
Gewitter zuerst den *Blitz* sieht und meist erst nach
einigen Sekunden den *Donner* hört. Wie groß die
Zeitspanne zwischen Blitz und Donner ist, hängt
von der Entfernung des Gewitters ab.
Licht pflanzt sich mit einer Geschwindigkeit von
300 000 Kilometern in der Sekunde fort. Man sieht
daher das Licht des Blitzes praktisch in dem Augen-
blick, in dem es entsteht. *Schall* breitet sich dagegen
in Luft nur mit einer Geschwindigkeit von etwa 340
Metern in der Sekunde aus.
Als Faustregel kann gelten: Schall legt in drei Sekunden eine Strecke von einem Kilometer zurück.
Hört man den Donner also zum Beispiel sechs Sekunden nach dem Aufleuchten des Blitzes, dann ist
das Gewitter zwei Kilometer entfernt.

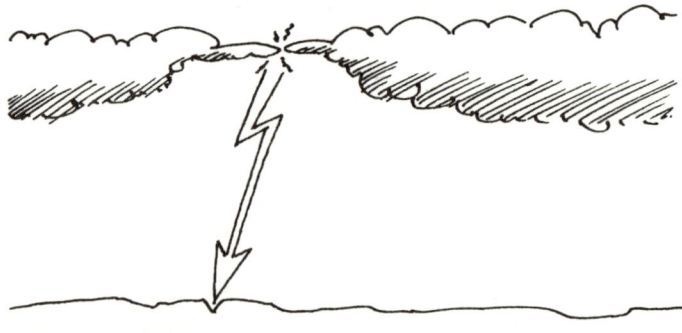

Wenn's bei einem Sommergewitter so richtig blitzt und donnert, dann wird's manchem ein wenig unheimlich. Man weiß nie, wo der nächste Blitz auftauchen und einschlagen wird. Eines aber ist gewiß: Auf jeden *Blitz* folgt ein *Donner* – warum eigentlich?

Der Blitz selbst verursacht diesen gewaltigen Knall. Er erhitzt die Luft in seiner unmittelbaren Umgebung nämlich sehr stark, wodurch diese sich rasch ausdehnt. Durch diese Ausdehnung und das anschließende Zusammenziehen (durch die folgende Abkühlung) der Luft werden Schallschwingungen erzeugt, die sich nach allen Seiten ausbreiten. Ein Blitz ist aber recht lang, meist ein bis drei Kilometer, und an allen Stellen des Blitzes entstehen *Schallwellen.* Je nach Entfernung der verschiedenen Teile des Blitzes benötigen die Schallwellen eine unterschiedliche Zeitspanne, bis sie an unser Ohr dringen. Daher ist das Donnergeräusch oft sehr langgezogen und gleicht einem rollenden Brodeln.

Manchmal sieht man während eines entfernten Gewitters einen Blitz, ohne danach Donner zu hören. Kann der Schall etwa keine großen Entfernungen überwinden?

Schallwellen überwinden ohne weiteres größere Entfernungen. Allerdings werden die vom Blitzschlag erzeugten Schallwellen durch die warme Luft in der Nähe des Erdbodens nach oben abgelenkt, so daß der Donner in weiterer Entfernung, etwa über 20 km, am Boden nicht mehr zu hören ist.

Könnten zwei Astronauten auf dem Mond auch ohne Funkgerät miteinander reden?

Schallwellen werden durch Luft, feste Körper und Flüssigkeiten weitergeleitet. Auf dem Mond befinden sich die Astronauten aber in einem luftleeren Raum, daher wird hier der Schall nicht weitergeleitet.

Da Menschen ohne Luft aber nicht überleben können, stecken die Astronauten in einem Schutzanzug, in dem sich Atemluft befindet. Diese leitet den Schall. Und wenn sich nun die Schutzhelme der Astronauten berühren würden, würde auch durch diese – es handelt sich schließlich um feste Körper – der Schall geleitet werden. Tatsächlich könnten Astronauten auf dem Mond also ohne Funkgeräte miteinander sprechen.

Wenn der *Wind* draußen heftig bläst, kann man oftmals ein Pfeifen oder Heulen hören – warum?

Der Wind streicht an schmalen Hindernissen vorbei, zum Beispiel durch Baumgeäst, und erzeugt dabei an der Rückseite dieser Hindernisse Wirbel. Diese Wirbel erzeugen Druckschwankungen, die als *Schallwellen* – pfeifend oder heulend – an unser Ohr gelangen.

Wenn man die eigene Stimme auf einem Tonband aufnimmt und dann abhört, erkennt man sie kaum wieder. Die Stimmen anderer Gesprächsteilnehmer hören sich aber ganz „echt" an. Woher rührt dieser Unterschied?

Den Schall der eigenen Stimme hört man normalerweise nicht nur von „außen", ein Teil, besonders *Schallwellen* mit niedrigen Frequenzen, wird direkt im Schädel weitergeleitet. Andere Menschen hören aber nur den Schall, der nach außen dringt und dann ihr Ohr erreicht, genau den, den man auch vom Tonband vernehmen kann.

Schiffe haben eine Art Fledermaus an Bord – *Schall* ist nicht nur zum Hören da . . .

An manchen Orten scheinen Geister zu hausen, die immer zu einem Schabernack aufgelegt sind: Wenn jemand laut ruft, wird ihm nach kurzer Zeit geantwortet – es ist, als würde ein unsichtbares Wesen den Schreihals nachäffen wollen. Welche Geister sind hier am Werk?

Der Rufer hört nicht die Stimme eines Geistes, sondern seine eigene. Ein solches *Echo* kommt zustande, wenn ausgesandte Schallwellen von einer Wand zurückgeworfen werden. Diese Wand muß allerdings mindestens 17 Meter entfernt sein, damit wir ein Echo hören können; schließlich legt der Schall in einer Sekunde ungefähr 340 Meter zurück. Für eine Strecke von zweimal 17 Metern benötigt er also eine Zehntel Sekunde, und in diesem Zeitraum kann das menschliche Gehör Ruf und Echo als zwei verschiedene Laute wahrnehmen.

Warum haben Fledermäuse besonders große Ohren?

Fledermäuse sind bei ihren nächtlichen Beuteflügen auf ein sehr gutes Gehör angewiesen, da sie schlecht sehen. Sie senden während des Fluges Schallwellen aus, die von allen Hindernissen und auch von Beutetieren zurückgeworfen werden. Um jeden Gegenstand ganz genau orten zu können, besitzen sie eben – im Verhältnis zum übrigen Körper – besonders große Ohren.

Der von den Fledermäusen ausgesandte Schall ist übrigens für Menschen nicht hörbar. Es handelt sich um *Ultraschall*, um Schall oberhalb des für Menschen hörbaren Bereichs.

Manche Leute verwenden eine besondere Pfeife, um ihrem Hund ein Signal zu geben. Doch wenn man sie so pfeifen sieht, muß man sich gehörig wundern: Es ist gar nichts zu hören, der Hund reagiert aber doch! Wie ist das möglich?

Solche Pfeifen erzeugen *Ultraschall*; das ist Schall, der oberhalb der menschlichen Hörgrenze liegt. Für Tiere kann er aber ohne weiteres hörbar sein. Beispielsweise liegt auch der von Fledermäusen ausgesandte Schall oberhalb dieser Grenze. Alle Töne mit einer *Frequenz* von mehr als 20 000 *Hertz* zählen zum Ultraschallbereich.

Heutzutage wird Ultraschall künstlich erzeugt und in den verschiedensten Bereichen angewendet. Mit Ultraschall kann man zum Beispiel metallene Werkstücke auf verborgene Fehler und Risse untersuchen, man kann chemische Reaktionen hervorrufen, Gasreste aus Flüssigkeiten entfernen und sogar Lichtwellen abbeugen. Durch Ultraschall werden Bakterien abgetötet; daher wird er verwendet, um Lebensmittel oder Medikamente keimfrei zu machen. Auch in der Medizin wird Ultraschall als sehr wichtiges und relativ ungefährliches Diagnoseinstrument eingesetzt.

Wie kann von einem Schiff aus die Wassertiefe bestimmt werden?

Die gebräuchlichste Methode ist das *Echolot*-Verfahren. Dabei wird von der Unterseite des Schiffes Schall ausgesendet. Die Schallwellen breiten sich im Wasser aus, werden vom Meeresgrund zurückgeworfen und bei ihrem Wiedereintreffen durch einen Schallempfänger am Schiff registriert. Gemessen wird die Zeit, die bis zur Rückkehr der Schallwellen verstrichen ist. Die Wassertiefe entspricht dann der Hälfte des Wegs, den der Schall zurückgelegt hat. Die Wegstrecke kann man berechnen als Schallgeschwindigkeit mal Zeitdifferenz. In Wasser ist die Schallgeschwindigkeit übrigens um einiges höher als in der Luft: Sie beträgt im Wasser etwa 1480 Meter pro Sekunde, in der Luft (bei 15 °C) etwa 340 Meter pro Sekunde.

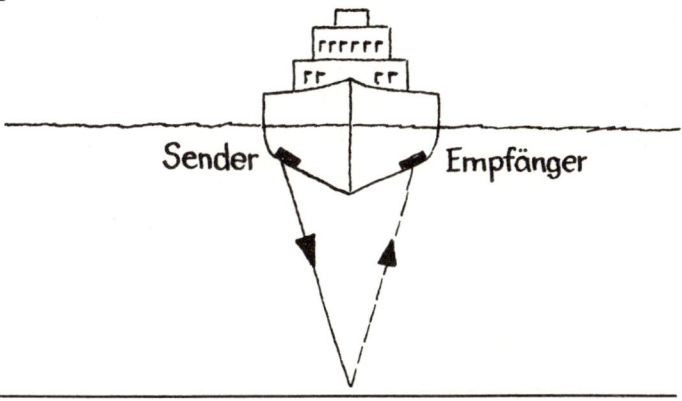

Sender   Empfänger

Wie kann man die Beschaffenheit des Erdinneren untersuchen, ohne ein tiefes Loch zu graben?

Man löst an der Erdoberfläche Erschütterungen aus (zum Beispiel durch kleine Sprengladungen). Diese künstlich geschaffenen Erdbebenwellen breiten sich im Erdreich aus und werden von den verschiedenen Schichten, zum Beispiel Gestein, Erdöl, Erdgas, Wasser, auf unterschiedliche Weise zurückgeworfen. Die zurückkehrenden Bebenwellen werden zusammen mit der verstrichenen Zeit registriert. Mit diesem *Echolot*-Verfahren kann man die Beschaffenheit des Erdinneren ziemlich genau bestimmen.

Welche „Farbe" *Klänge* haben – und wofür Blechdosen nützlich sein können . . .

Läßt man einen Ton mit einer bestimmten Tonhöhe und einer bestimmten Lautstärke mal auf einer Geige und mal auf einer Flöte erklingen, so hört sich dieser Ton verschieden an. Tonhöhe und Lautstärke sind zwar gleich, der Klang ist aber verschieden. Warum gibt es diesen Unterschied?

Erzeugt man auf einem *Musikinstrument* einen Ton mit zum Beispiel 400 Schwingungen in der Sekunde, so entstehen gleichzeitig Töne mit 800, 1200, 1600 usw. Schwingungen pro Sekunde. Der Ton mit der Frequenz 400 wird *Grundton* genannt, die anderen Töne mit zweimal, dreimal, viermal usw. 400 Schwingungen in der Sekunde nennt man *Obertöne*. Die Stärke und auch die Anzahl dieser Obertöne sind für jedes Musikinstrument verschieden. Ein Ton klingt um so voller und wärmer, je mehr Obertöne ihn begleiten. Bei einer Geige sind es mehr und stärkere Obertöne als bei einer Flöte, daher klingen auf einer Geige gespielte Töne voller und wärmer als die einer Flöte.

Läßt man auf einem *Musikinstrument* mehrere Töne gleichzeitig erklingen, so ergibt dies nicht immer einen Ohrenschmaus. Manche Töne ergeben aber zusammen einen sehr angenehmen Klang. Gibt es hier eine bestimmte Gesetzmäßigkeit?

Der Zusammenklang mehrerer Töne, ein *Akkord*, ist dann wohlklingend, wenn das Verhältnis der Frequenzen der Einzeltöne in ganzen Zahlen ausgedrückt werden kann. Wohlklingend sind zum Beispiel der Dur-Dreiklang c-e-g mit dem Frequenzverhältnis 4:5:6, eine Quart c-f (3:4), eine Quint c-g (2:3) oder eine Oktave c-c' (1:2).

Sich mit einem Walkie-talkie über eine Entfernung hin zu unterhalten, dazu gehört nicht viel. Das gleiche kann man aber auch mit zwei leeren Blechdosen und einem langen Bindfaden erreichen; dazu ist allerdings ein wenig Geschick erforderlich. Wie funktioniert ein solches Blechdosentelefon?

Zunächst muß genau in die Bodenmitte der leeren Blechdosen ein Loch eingestochen werden. Die beiden Enden eines Fadens, er darf 30 bis 40 Meter lang sein, werden durch die Löcher gezogen und mit Knoten so befestigt, daß der Faden nicht durch die Löcher rutschen kann. Bei diesem Blechdosentelefon muß nun nur darauf geachtet werden, daß der Faden zwischen den Dosen gespannt ist und nichts berührt. Spricht man auf der einen Seite in die Dose, so kann man es aus der anderen Dose hören. Der Boden der „Sprecherdose" wird in Schwingungen versetzt. Diese pflanzen sich über den Faden fort und regen den Boden der anderen Dose zu *Schwingungen* an, die sich auf die umgebende Luft übertragen und somit hörbar werden.

Auf Schiffen oder bei Sportveranstaltungen kann man es manchmal sehen: Jemand nimmt ein trichterförmiges Ding zur Hand, setzt es an seinen Mund und erteilt lautstark Anweisungen. Wie funktioniert ein solches Megaphon?

Die erzeugten Schallwellen würden sich ohne *Megaphon* nach allen Seiten hin ausbreiten; so aber werden sie von den Wänden dieses Schalltrichters zurückgeworfen und treten nach vorne aus, wodurch eine größere Dichte der Schallenergie erzielt wird. Auf diese Weise nimmt die Reichweite des Schalles zu, und der Sprecher ist noch in größerer Entfernung zu hören.

Warum hört ein Arzt schwache Herztöne oder beim Atmen entstehende Lungengeräusche besser, wenn er ein Hörrohr, ein sogenanntes Stethoskop, verwendet?

Die schwachen Geräusche sind kaum hörbar, werden aber in dem kleinen Trichter des *Stethoskops* gebündelt, indem sie von den Wänden zurückgeworfen werden. Auf diese Weise kann sie der Arzt gut wahrnehmen.

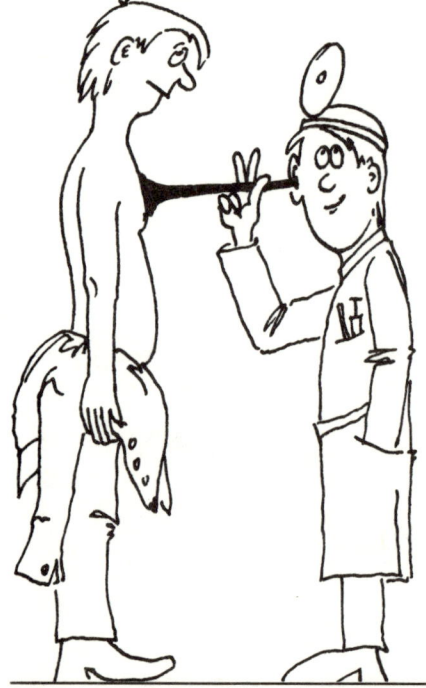

Was eine Gitarre
mit zerbrochenem Glas
zu tun hat –
die *Resonanz* läßt
von sich hören . . .

Warum sind die Saiten bei Musikinstrumenten wie Geigen oder Gitarren über hölzerne Kästen gespannt?

Die Schwingungen der Saiten werden auf die Kästen übertragen; dieses Mitschwingen nennt man *Resonanz.* Die Resonanzkästen der *Musikinstrumente* haben die Aufgabe, die erzeugten Töne gleichmäßig zu verstärken.

Warum können manche Sängerinnen und Sänger durch ihren Gesang Gläser zerspringen lassen?

Ein *Glas* beginnt bei einer bestimmten Frequenz der Schallwellen durch Resonanz zu schwingen. Wenn der entsprechende (meist hohe) Ton einige Sekunden anhält, können sich die Schwingungen des Glases so verstärken, daß es zerspringt.

V.
Von Farben
und leuchtenden
Gebissen –
sogar bei schiefer *Optik*
gibt's noch was
zu sehen

Abendrot
und blauer Dunst –
Licht kann
ganz schön farbig
sein . . .

An manchen Tagen morgens oder abends erstrahlt der Himmel über dem Horizont in einem feurigen Rot. Woher kommt diese Erscheinung, die man *Morgenrot* (beziehungsweise *Abendrot*) nennt?

Die unterste Luftschicht unmittelbar über der Erde ist sehr dicht und enthält viele Staubteilchen und Wassertröpfchen. Wenn die Sonne tief steht, dringen ihre Strahlen schräg durch diese Schicht und legen in ihr also eine längere Strecke zurück, als wenn die Sonne hoch am Himmel steht.

Es ist vor allem das langwellige rote Licht, das diese Schicht durchdringt, während das kurzwelligere blaue Licht von den kleinen Teilchen in dieser Luftschicht seitlich abgelenkt wird. Deshalb sehen wir zur entsprechenden Tageszeit oftmals einen rotgefärbten Himmel über dem Horizont.

Wenn die Sonne untergegangen ist, müßte es doch sofort dunkel werden, da unser lichtspendendes Gestirn schließlich nicht „um die Ecke" scheinen kann? Tatsächlich aber wird es in unseren Breiten nicht sehr rasch dunkel. Woher kommt dieser Übergangszustand zwischen Tag und Nacht: die *Dämmerung*?

Auch wenn die Sonne von der Erdoberfläche aus nicht mehr sichtbar ist, beleuchtet sie noch die höhergelegenen Luftschichten. Diese Luftschichten lenken das Licht zum Teil zur Erdoberfläche hin und sorgen so für eine gewisse Helligkeit. Im Westen färbt sich der Himmel dabei oft rötlich, weil vor allem das rote Licht die untersten Luftschichten durchdringt.

In den Alpen kann man morgens und abends manchmal ein farbenprächtiges Schauspiel beobachten: das sogenannte „*Alpenglühen*". Dabei werden die Berggipfel noch vom rötlichen Sonnenlicht beschienen, auch wenn für den Betrachter im Tal die Sonne schon untergegangen ist.

Warum ist der *Himmel* blau?

Warum wir den Himmel blau sehen, kann man sich leicht verständlich machen: Das weiße Sonnenlicht setzt sich aus allen Regenbogenfarben zusammen. Die Lichtwellen der verschiedenen Farben haben aber eine unterschiedliche Länge. Kurzwelliges Licht läßt sich leichter durch kleine Teilchen in der Luft ablenken als langwelliges. Und es sind gerade diese kleinen Teilchen, zum Beispiel Staub und Wassertröpfchen, in der Lufthülle um die Erde, die das kurzwellige blaue Licht in alle Richtungen (also auch zu uns herab) ablenken. Das langwellige rote Licht dagegen wird kaum beeinflußt und durchdringt die Atmosphäre ohne Ablenkung. Es ist also das weitgestreute kurzwellige Licht, das die blaue Farbe des Himmels ausmacht.

An einem trüben Tag, wenn Regen „in der Luft liegt", sieht der Himmel gar nicht mehr schön blau aus. Er hat vielmehr eine fast schmutziggraue Färbung angenommen. Wie kann man sich das erklären?

Normalerweise wird das kurzwellige blaue Licht an den kleinen Teilchen in der Luft viel stärker gestreut als langwelliges Licht wie zum Beispiel grünes, gelbes oder rotes.
An einem sprichwörtlich trüben Tag enthält die Luft aber recht große Dunst- und Wasserteilchen, und durch diese wird das blaue Licht weniger stark abgelenkt. Somit nimmt der Himmel eine graue Tönung an.

Wenn man Zigarettenrauch in die Höhe bläst, so erscheint der Rauch weißlich. Wer den Rauch aber von der Seite her sieht, dem erscheint er blau. Wer ist nun farbenblind – der Raucher oder der Zuschauer?

Es ist gerade das kurzwellige blaue Licht, das am meisten von sehr kleinen Teilchen, und der Zigarettenrauch besteht aus sehr kleinen Verbrennungsrückständen, abgelenkt wird. Daher sieht der Zigarettenrauch von der Seite her blau aus, man nennt ihn daher auch „blauen Dunst". Aus dem gleichen Grund sehen wir auch einen blauen Himmel, auch hier lenken kleinste Teilchen das kurzwellige blaue Licht zur Seite hin, zum Betrachter auf der Erde, ab (s. Seite 196).

Warum funkelt und blitzt es in einer Rauchwolke, die man an einem Fenster in schräg einfallendes Sonnenlicht bläst?

Rauch besteht aus winzig kleinen Teilchen, die einzeln mit bloßem Auge nicht sichtbar sind. Fällt aber Sonnenlicht auf eine Rauchwolke, dann werden Lichtwellen von einzelnen Teilchen abgelenkt, und dieses abgelenkte Licht bietet dem Betrachter ein Schauspiel wild durcheinander wirbelnder, blitzender Lichtfünkchen. Die Teilchen selbst kann man immer noch nicht sehen, aber durch das Licht wird die Stelle, an der sie sich im Moment befinden, sichtbar.

Diese Erscheinung wird *Tyndall-Effekt* genannt; mit ihm kann man durch Lichtablenkung winzige Dinge „sichtbar" machen.

Warum sieht Nebel weißlich aus?

Nebel ist eigentlich nichts anderes als eine Menge von fein verteilten Wassertropfen. Von solchen größeren Teilchen wie Wassertropfen werden aber die verschiedenen Bestandteile des weißen Lichts ziemlich gleichmäßig zurückgeworfen, daher sieht der Nebel weißlich aus. Aus dem gleichen Grund sieht der Himmel manchmal nicht blau, sondern weißlich aus.

Nebel

Wie entsteht ein Regenbogen?

Um einen *Regenbogen* entstehen zu lassen, muß es bei Sonnenschein regnen. Fällt nämlich das Sonnenlicht auf die Wassertröpfchen des Regens, so wird das weiße Licht in den Tropfen „gebrochen" und also in seine farbigen Bestandteile zerlegt. Die verschiedenen Lichtstrahlen, aus denen weißes Licht besteht, werden unterschiedlich stark abgelenkt. Daher reihen sich in einem Regenbogen von außen nach innen die Farben Rot, Gelb, Grün, Blau und Violett aneinander.

Warum sind die meisten Wolken weiß und nicht ebenso wie der Himmel blau?

Die Wassertropfen in den *Wolken* sind meist so groß, daß sie das Sonnenlicht nicht brechen, sondern von ihrer Oberfläche zurückwerfen. Das nichtgebrochene Sonnenlicht aber ist weiß.
Es gibt aber auch fast schwarze Wolken: Sie sind so dicht, daß sie vom Sonnenlicht kaum durchdrungen werden.

Still daliegende Gebirgsseen haben mal eine blaue, mal eine grüne Farbe. Woher kommt dieser Unterschied?

Wenn der See tief und sein Wasser rein ist, dann sieht seine Oberfläche blau aus. Ursache hierfür ist die Reflexion des Lichts vom blauen Himmel. Bei seichtem Wasser sieht die Oberfläche durch *Lichtreflexion* vom Grund grünlich aus. Auch Verunreinigungen des Wassers können unterschiedliche Farbtönungen bewirken.

Rund um die Sonne oder den Mond ist manchmal ein großer, farbiger „Hof" zu sehen. Wie kommt es zu dieser eigenartigen Erscheinung?

Wenn ein Teil des von der Sonne ausgesandten Lichts auf seinem Weg durch die Atmosphäre von kleinen Teilchen (zum Beispiel Wassertröpfchen oder Eiskristallen) abgelenkt wird, kommt es zu farbigen *Halonen*, die die verschiedensten Formen haben können, meist aber als ringförmiger Hof zu sehen sind.

Warum eigentlich verwendet man bei *Ampel*anlagen stets rotes Licht, um das Haltsignal anzuzeigen?

Mittlerweile ist das Rotlicht natürlich international als Stoppsignal festgelegt. Warum man ursprünglich aber gerade das rote Licht nahm, hat einen sinnvollen Grund: Die roten Lichtstrahlen werden von Störteilchen in der Luft am wenigsten abgelenkt und erreichen also bei schlechten Sichtverhältnissen noch am ehesten das menschliche Auge. Ein Haltsignal soll ja schließlich so gut wie möglich zu erkennen sein!

Ich warte gern auf ›grün‹!

Warum sehen wir unsere Umwelt farbig?

Das weiße Tageslicht ist eine Mischung aus allen Regenbogenfarben. Wenn dieses Licht auf einen Gegenstand trifft, dann wird von diesem nur das Licht in der diesem Gegenstand eigenen *Farbe* zurückgeworfen. Das menschliche Auge hat die Fähigkeit, verschiedenfarbige Lichtwellen zu unterscheiden.

Etwas Geschriebenes plötzlich unsichtbar werden lassen, das wünscht man sich in manchen Momenten. Wie kann man das schaffen, ohne irgendeine „Zaubertinte" verwenden zu müssen?

Bei roter Schrift auf weißem Papier müßte man den Raum mit einer roten Glühbirne beleuchten. Lampen mit farbigem Licht verwenden zum Beispiel Fotoamateure in ihrer Dunkelkammer. Die rote Schrift scheint dann wie von Geisterhand weggewischt zu sein. Tatsächlich aber „löscht" farbiges Licht die gleiche Farbe aus, richtig ausgedrückt: Sie gibt sie als Weiß wieder.

Bei blauer Schrift müßte man natürlich blaues Licht verwenden, um die Schrift unsichtbar zu machen.

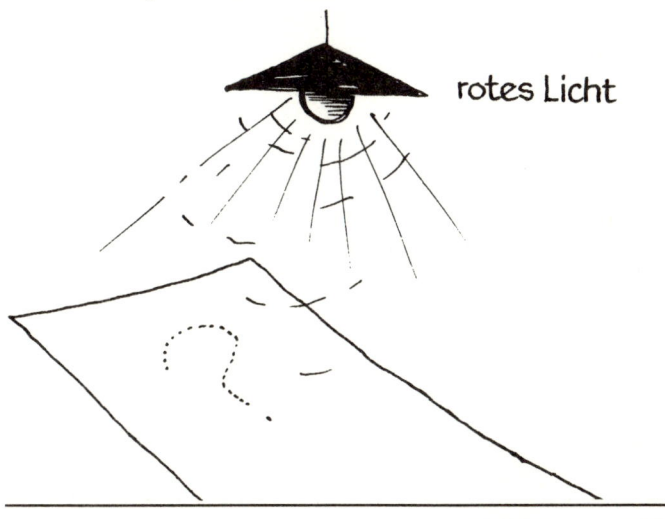

rotes Licht

Wenn ein Auto nachts direkt unter einer Straßenlaterne geparkt ist, dann sollte man doch dessen Farbe gut erkennen können? Wann ist das aber nicht der Fall?

Manche Straßenlaternen geben gelbes Licht ab. Wenn unter einer solchen ein blaues Auto steht, dann scheint es schwarz zu sein. Die blaue Farbe wirft nämlich nur wenig oder gar kein gelbes Licht zurück.

In einem ganz abgedunkelten Raum leuchten plötzlich die Zähne der Anwesenden hell auf; allerdings leuchten nur die echten Zähne, die falschen bleiben dunkel. Welche Form der Zauberei ist hier im Spiel?

Manche Lampen senden sehr viel *ultraviolettes Licht* aus. Wird eine solche Lampe durch Filter so abgedichtet, daß kein sichtbares Licht mehr aus ihr herausdringt, nur das unsichtbare ultraviolette Licht, so ist es in einem abgedunkelten Raum ganz finster. Allerdings nur für das menschliche Auge; das Auge einer Ameise könnte bei nur ultravioletter Beleuchtung sehr gut sehen. Das ultraviolette Licht regt aber viele Stoffe dazu an, mehr oder weniger kräftig zu leuchten, also sichtbares Licht auszusenden. So fangen zum Beispiel Zähne an zu leuchten, die Pupillen unserer Augen glänzen in grüngelblichem Schimmer, und auf der Haut ist ein graugrünlicher Schein zu sehen.

Gibt es unsichtbares *Licht*?

Das menschliche Auge kann nur Licht mit einer bestimmten Wellenlänge wahrnehmen: Das sind die Lichtstrahlen mit einer Wellenlänge zwischen etwa 400 Nanometer (= 0,00004 Zentimeter) und etwa 800 Nanometer (= 0,00008 Zentimeter). Rot hat eine Wellenlänge von etwa 800 Nanometern; das Licht jenseits dieser Grenze wird „infrarot" genannt. Auf der anderen Seite der Regenbogenfarben befindet sich das Violett mit etwa 400 Nanometern; Licht mit kürzerer Wellenlänge wird „ultraviolett" genannt. *Infrarot* und *Ultraviolett* sind für den Menschen nicht sichtbar; manche Tiere, zum Beispiel viele Insekten, können aber auch Licht dieses Wellenbereichs sehen.

Wie ist es möglich, nachts bei völliger Dunkelheit zu fotografieren, ohne daß der Fotografierte etwas davon bemerkt?

Nachts kann man Gegenstände mit infrarotem Licht „beleuchten". Dieses Licht ist für das menschliche Auge zwar nicht sichtbar, doch gibt es Filme, die durch *infrarotes Licht* belichtet werden können. Ausgestattet mit einem Infrarotstrahler, einer mit Infrarotfilm ausgerüsteten Kamera, kann man also zum Beispiel nachts im Wald herrliche Tierfotografien aufnehmen.

Mit glänzenden Schuhen
vor einer Fata Morgana
stehen –
beim *Sehen* kommt es
auf den rechten
Durchblick an . . .

Wie kann man an der Form der Brillengläser erkennen, ob der Brillenträger kurz- oder weitsichtig ist?

Ein Kurzsichtiger benötigt für seine Augen *Zerstreuungslinsen*; deren Gläser sind nach innen gewölbt. Ein Weitsichtiger dagegen trägt *Sammellinsen* als Augengläser; diese sind nach außen gewölbt. Beim Weitsichtigen müssen die Lichtstrahlen gesammelt werden, so daß auf der Netzhaut des Auges ein scharfes Bild entsteht (das ohne Brille erst hinter der Netzhaut zustande kommen würde). Beim Kurzsichtigen dagegen müssen die eintreffenden Lichtstrahlen zerstreut werden, da das scharfe Bild sonst vor der Augennetzhaut liegen würde.

Wenn man sich ein Auge zuhält und dann versucht, mit einem Finger in die Öffnung einer vor einem stehenden Flasche zu treffen, hat man damit einige Schwierigkeiten. Warum?

Ebenso wie wir durch unsere zwei Ohren die Richtung bestimmen können, aus der ein Geräusch kommt, sind wir durch den Abstand zwischen unseren Augen in der Lage, die räumliche Gestalt eines Körpers wahrzunehmen. Dazu gehört auch, daß wir die Entfernung eines Gegenstandes recht genau erfassen können. Wenn man aber nur mit einem Auge sieht, gelingt dies nur sehr schwer.

Beim Betrachten der Sterne am Firmament kann man öfters etwas Eigenartiges feststellen. Manche dieser Himmelskörper scheinen gar nicht gleichmäßig zu leuchten, vielmehr scheinen sie ein flimmerndes Licht auszusenden. Haben diese Sterne etwa Wolken, die das leuchtende Gestirn immer wieder verdunkeln, oder sind dies gar die letzten Lichtsignale erlöschender Sterne?

*F*ür die merkwürdige Erscheinung des *Sternenflimmerns* gibt es eine harmlose, irdische Erklärung: Wärmeunterschiede in der Luft führen dazu, daß das Licht der Sterne in verschiedenen Bereichen der Luft unterschiedlich abgelenkt wird. Weil die wärmeren Bereiche ihre Lage durch Windbewegungen rasch ändern, scheinen immer wieder andere Sterne unterschiedlich lange ein flackerndes Licht auszusenden.

Im Sommer kommt es vor, daß ein Autofahrer die Fahrbahn vor sich plötzlich dunkel und naß sieht, obwohl es doch gar nicht geregnet hat. Meistens verschwindet dieses merkwürdige Bild schnell wieder. Hat der Autofahrer eine „Fata Morgana" gesehen?

Tatsächlich sieht der Autofahrer hier eine *Luftspiegelung.* An heißen Sommertagen wird der Straßenbelag nämlich stark erhitzt. Auf der Fahrbahn sammelt sich dann eine Schicht heißer, verdünnter Luft, von der schräg auftreffende Lichtstrahlen wie von einem Spiegel zurückgeworfen werden. Das dunkle, „nasse" Aussehen der Straße stammt also von etwas Dunklem in der Nähe der Straße her, zum Beispiel von einem Wald.

Vorkommen kann es auch, daß dem Wagenlenker die Straße vor sich plötzlich grün erscheint und er glaubt, auf den Grünstreifen zuzufahren, worauf er das Lenkrad ruckartig herumreißt, was schwere Unfälle verursachen kann. Tatsächlich hat sich in so einem Fall nur die grüne Wiese in der heißen Luftschicht gespiegelt.

Bei windigem Wetter sind solche Spiegelungen nicht zu beobachten, weil die heiße Luft ständig fortgeweht wird.

Warum glänzen frisch eingecremte und polierte Schuhe?

Von den kleinen Unebenheiten des Schuhleders wird das auftreffende Licht nach allen Seiten hin gestreut. Trägt man aber Schuhcreme auf, wird die unregelmäßige Oberfläche geglättet. Wird das Leder nun auch noch glattpoliert, dann wirkt die Oberfläche wie ein Spiegel, der das Licht ganz direkt und regelmäßig zurückwirft.

Warum kann man einen nur schwach leuchtenden Stern besser sehen, wenn man seinen Blick nicht direkt auf ihn richtet, sondern ein wenig an ihm vorbeischaut?

In unserem Auge befinden sich die Stäbchen, die bei schwacher Beleuchtung sehr empfindlich sind, vor allem am Rand der *Netzhaut*. Blickt man aber direkt auf einen Stern, so wird er in der Mitte der Netzhaut abgebildet. Blickt man aber ein wenig an ihm vorbei, so wird er am Rand der Netzhaut abgebildet, wo sein schwaches Licht besser wahrgenommen wird.

VI.
Eine Steckdose macht noch keinen Strom – mit *Elektrizität* läßt sich nur selten spaßen

Was Salz, Pfeffer und ein Blitzableiter gemeinsam haben –
elektrische Spannung läßt sogar Kirchturmspitzen funkeln . . .

Einen Luftballon kann man ohne sichtbare Hilfsmittel so an der Zimmerdecke „befestigen", daß er nicht herabfällt. Wie ist dies möglich?

Der aufgeblasene (und zugebundene) *Luftballon* muß an einem Wollpullover gerieben werden. Dadurch wird er nämlich elektrisch aufgeladen, das heißt, er nimmt aus dem Pullover kleinste elektrische Teilchen, sogenannte *Elektronen*, auf. Mit dieser *elektrischen Ladung* haftet der Ballon an der ungeladenen Zimmerdecke, da elektrisch geladene Gegenstände ungeladene anziehen und diese Anziehungskraft stärker ist als das nach unten ziehende Gewicht des Luftballons. Der Ballon haftet so lange, bis sich die Ladungen ausgeglichen haben – und das kann mehrere Stunden dauern.

Viele Leute sagen: „Blitzableiter sind doch ganz unnütz, wann kommt es denn schon einmal vor, daß ein Blitz in ein Haus einschlägt?" Sind Blitzableiter tatsächlich nur dazu da, im Ernstfall einen schlimmen Brand zu verhüten, indem sie die Energie des Blitzes ins Erdreich ablenken?

Blitzableiter wirken tatsächlich nicht nur dann, „wenn's einschlägt". Sie tragen schon allein durch ihr Vorhandensein dazu bei, einen Blitzschlag zu verhindern. Durch die Spitze eines Blitzableiters strömen nämlich nach oben elektrische Teilchen aus der Erde, und diese können die elektrische Ladung einer Gewitterwolke entladen. So verhindern sie in vielen Fällen, daß es zwischen einer Gewitterwolke und der Erde zu einer elektrischen Funkenentladung, einem *Blitz*, kommt.

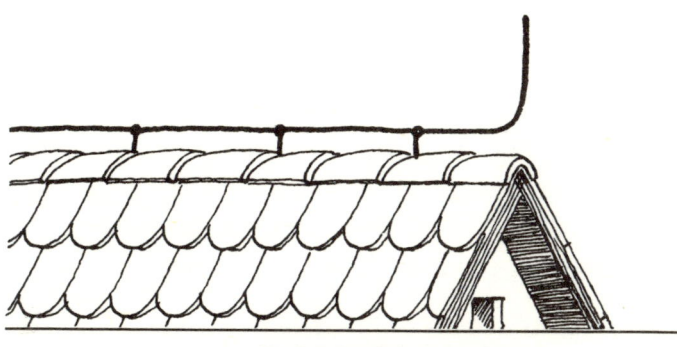

Wenn ein Gewitter losbricht, befindet man sich im Freien in Gefahr. Es kommt nämlich vor, daß Blitze auf ihrem Weg zum Erdboden einen Menschen treffen, und für den Menschen ist dies fast immer tödlich. Wie kann man sich schützen, wenn man im Freien in ein Gewitter gerät? Manche sagen: „Vor Eichen sollst du weichen, Buchen sollst du suchen!" Aber ist dieser Rat wirklich sinnvoll?

Bei einem *Gewitter* soll man überhaupt nicht unter einem Baum Zuflucht suchen, denn in hoch über den Erdboden hinausragende Dinge, wie eben Bäume, schlagen Blitze häufig ein. Am besten ist es, sich bei Gefahr durch ein Gewitter flach auf den Boden, noch besser in eine Bodenvertiefung, zu legen. Weitaus mehr gefährdet ist man also unter einem Baum. Und tatsächlich gibt es noch „Gefahrenunterschiede" zwischen den Bäumen: Bäume mit einer glatten Rinde, wie zum Beispiel die Buche, lassen das Regenwasser an der Oberfläche ungehindert ablaufen und stellen so eine leitende Verbindung zur Erde her. Daher kann die in der Erde vorhandene elektrische Ladung durch diese leitende Wasserschicht bis zur Baumspitze vordringen, dort zum Teil ausströmen und sich mit der entgegengesetzten Ladung der darüber liegenden Luftschichten, der Gewitterwolken, ausgleichen.

Bei Bäumen, deren Rinde nicht so glatt ist, wie etwa der Eiche, kann ein solcher Ausgleich nicht stattfinden. Daher ist es bei ihnen viel wahrscheinlicher, daß hier eine plötzliche Funkenentladung in Gestalt eines Blitzes erfolgt.

Bei einem Gewitter droht allem, was die Erdoberfläche überragt, ein Blitzeinschlag. Was tun, wenn
man sich dann gerade in einem Auto befindet? Auch
ein Auto hat doch schließlich eine gewisse Höhe
und ragt daher über die Erdoberfläche hinaus. Soll
man also aussteigen und woanders Zuflucht suchen?

Bei einem Gewitter ist man im Inneren eines Autos
fast so sicher wie im sprichwörtlichen Schoß des Ab-
raham. Durch die Gummireifen ist das Auto nämlich nicht direkt „geerdet". Außerdem wirkt die Me-
tallkarosserie des Fahrzeugs wie ein „Faradayscher
Käfig" (so genannt nach dem Entdecker dieses Phä-
nomens, Michael *Faraday*, 1791–1867), der die In-
sassen vor der gefährlichen elektrischen Ladung
schützt.

Daher besteht überhaupt kein Grund, während
eines Gewitters das Auto zu verlassen. Draußen ist
es viel gefährlicher, und außerdem wird man dort
vom Gewitterregen auch noch ordentlich durch-
näßt.

Auf Kirchtürmen funkelt es manchmal ganz merkwürdig. Schwach glimmende Lichtstreifen heben sich von der Oberfläche des Turms ab und streben nach oben in die Lüfte. Etwas Ähnliches kann man ab und zu auch bei Gipfelkreuzen auf Berghöhen beobachten. Wie kommt es zu dieser eigenartigen Erscheinung?

Wenn zwischen hohen Punkten auf der Erde, zum Beispiel Turmspitzen oder Berggipfeln, und vorüberziehenden Gewitterwolken eine genügend hohe Spannung herrscht, kann es zum Aussprühen von elektrischen Ladungen kommen. Dies sieht aus wie ein fahles Glimmlicht, das büschelförmig zum Beispiel von einer Kirchturmspitze austritt und *Elmsfeuer* genannt wird.

Jeder hat es schon einmal erlebt: Beim Berühren irgendeines Gegenstandes bekommt man plötzlich einen kleinen elektrischen Schlag, so daß man gehörig erschrickt. Wie kommt es dazu – ist ein solcher Gegenstand etwa elektrisch geladen?

Nicht der Gegenstand ist elektrisch geladen, sondern der Mensch, der nach ihm faßt. Schon allein beim Gehen auf einem Kunststoffuntergrund, zum Beispiel einem Teppichboden, kann so viel *Reibungselektrizität* entstehen, daß sie sich beim Berühren etwa einer Türklinke spürbar blitzartig entlädt.

Dazu ist es freilich notwendig, daß der „Aufgeladene" Schuhe mit isolierenden Gummisohlen trägt, denn sonst würde sich die Elektrizität bei jedem Schritt wieder zum Erdboden hin entladen. Gummisohlen isolieren aber, und dadurch entlädt sich die elektrische Spannung erst dann, wenn ein „geerdeter" Gegenstand berührt wird, was man schmerzhaft zu spüren bekommt.

Durch bloße Reibung kann immerhin eine Spannung von 10 000 bis 20 000 Volt entstehen, die freilich innerhalb einer Millionstel Sekunde wieder zusammenbricht und deshalb ganz ungefährlich ist.

Bei manchen Autos und LKWs hängt irgendwo hinten von der Karosserie ein Band nach unten und berührt den Boden. Hat hier ein Mechaniker schlampig gearbeitet und etwas vergessen? Oder ist dieses Band aus gutem Grund befestigt worden?

Tatsächlich dient dieses Band einem bestimmten Zweck. Die Autoreifen erzeugen nämlich durch die Reibung auf der Straße eine elektrische Ladung im Auto. Und diese Ladung kann durch ein Band zur Erde hin abgeleitet werden. Ansonsten würde das Gefährt beim Aussteigen durch den Fahrer oder einen Mitfahrer entladen werden. Der aber würde dies schmerzhaft an seinen Fingern zu spüren bekommen, wenn er beim Aussteigen das Auto zum Beispiel durch Berühren einer Tür „erdet".

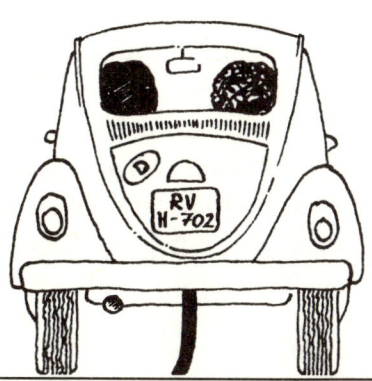

Wenn man sich mit einem Kamm kräftig das Haar kämmt und diesen dann im Dunkeln, zum Beispiel abends bei gelöschtem Licht, bis auf einige Millimeter an einen Wasserhahn annähert, springen kleine, blaue Funken über. Wie kommt es dazu?

Der Kamm ist durch das Kämmen elektrisch aufgeladen worden, an ihm herrscht eine *Spannung* von etwa 10 000 *Volt*. Diese Spannung ist bestrebt, sich zu entladen. Daher springt sie funkenförmig an den spannungsfreien, mit der Erde verbundenen Wasserhahn über.

Die Spannung von 10 000 Volt ist hier völlig ungefährlich, da nur wenige Elektronen fließen. Andererseits kann bei einer entsprechenden Stromstärke schon eine Spannung von 60 Volt tödlich sein.

Hochspannungsleitungen sind dazu da, Strom über große Entfernungen zu befördern. Warum aber als „Hochspannung"? Schließlich müssen die bis zu 380 000 Volt der Überlandleitungen erst wieder heruntertransformiert werden, bis die allgemein üblichen 220 Volt erreicht sind. Könnte man sich diesen Aufwand nicht sparen?

In den Elektrizitätswerken werden starke Ströme von 2000 bis 5000 Ampere erzeugt. Wollte man diese ohne größere Verluste weiterleiten, müßte man sehr dicke Drahtleitungen verwenden. Daher werden die starken Ströme gesammelt und auf hohe Spannung gebracht. Dann ist nämlich die Stromstärke geringer, und man kommt mit weniger teuren, dünneren Drahtleitungen aus.

Bevor der Strom in den Haushalten ankommt, wird die *Hochspannung* schrittweise heruntertransformiert: An den Knotenpunkten der Fernleitungen zunächst auf 50 000 bis 60 000 Volt; von hier führen Zweigleitungen zu den Brennpunkten des Energiebedarfs, also zu Städten oder Bezirksumspannwerken. Dort wird die Hochspannung auf 15 000 Volt und dann auf 6000 Volt herabgesetzt. Erst in den letzten Verteilerstationen und Transformatorenhäusern werden die Netzspannungen von 220 Volt und 380 Volt erzeugt.

Früher betrug die elektrische Spannung in den Haushalten allgemein 110 Volt. Warum wurde sie auf 220 Volt verdoppelt?

Bei doppelter *Spannung* benötigt man nur die halbe Stromstärke, um die gleiche Leistung eines Elektrogeräts zu erreichen. Bei niedrigerer Stromstärke kann aber der Querschnitt der Leitungsdrähte vermindert werden. Die Verdoppelung der Spannung führte auf diese Weise zu einer Ermäßigung der Kosten für das Leitungsnetz.

Warum beträgt die elektrische Spannung in den Haushalten eigentlich gerade 220 Volt? Wäre es nicht einfacher und sinnvoller gewesen, eine „runde" Zahl zu wählen, zum Beispiel 100 oder 200 Volt?

Es sind technische Gründe, die dazu geführt haben, daß sich im alltäglichen Umgang mit Elektrizität eine *Spannung* von gerade 220 Volt durchgesetzt hat. Zu Beginn der Elektrifizierung wurden nämlich Straßenlampen aufgestellt, für die eine Spannung von 50 Volt erforderlich war. Eine Lampe genügte aber für eine ausreichende Beleuchtung nicht. Für eine zweite Lampe mußte die Spannung auf 100 Volt erhöht werden. Zu jener Zeit wurde noch Gleichstrom verwendet, und bei diesem geht auf langen Drahtleitungen ein erheblicher Teil der Spannung durch den Widerstand des Drahtes verloren. Bei weit vom Elektrizitätswerk entfernten Lampen wäre also nicht mehr die erforderliche Spannung von 100 Volt angekommen. Daher erhöhte man die Spannung allgemein auf 110 Volt.

Bei der Umstellung auf Wechselstrom verdoppelte man die Spannung auf 220 Volt. Im Laufe der Jahre wurden immer mehr Elektrogeräte entwickelt, die alle auf diese Spannung festgelegt waren. Auf diese Weise wurde die 220-Volt-Spannung durch die technische Entwicklung festgeschrieben.

Frösche haben keine
Zahnprobleme –
elektrischer Strom
schreckt nicht einmal
vor Räucherfisch
zurück . . .

Warum eigentlich leuchtet eine Glühbirne, wenn man den Lichtschalter betätigt?

Das Einschalten bewirkt, daß durch einen dünnen Draht in der *Glühbirne* elektrischer Strom fließt. Im Metalldraht einer Stromleitung bewegen sich winzige Elektrizitätsteilchen, die *Elektronen*. Im dünnen Draht der Glühbirne kommt es durch den Widerstand des Drahtes zu einer Art Gedränge der Elektronen, dadurch wird der Glühdraht heiß und beginnt zu glühen. Im Inneren der Glühbirne befindet sich keine Luft, sonst nämlich würde das leuchtende Drähtchen sofort verbrennen.

Warum werden Bügeleisen, Kochplatte und Tauchsieder heiß, wenn man sie einschaltet?

In ihrem Inneren befindet sich ein Heizdraht, der nach dem Einschalten von elektrischem Strom durchflossen wird. Wie stark sich dieser Draht erwärmt, hängt von der Stärke und der Dauer des Stromflusses ab. Je größer die *Stromstärke* und je länger der *Stromfluß*, um so größer ist die entstehende Wärme.

Als Material für die Heizdrähte wird meist eine Mischung (eine Legierung) der Metalle Chrom und Nickel verwendet. Eine Chrom-Nickel-Legierung entwickelt nämlich viel Wärme und hat einen hohen Schmelzpunkt.

Die Mandeln läßt sich wohl niemand gern herausnehmen. Man denkt vielleicht an eine ziemlich blutige Operation mit Messern und Scheren, von der der Rachen heimgesucht wird. Tatsächlich aber fließt bei dieser Operation kaum Blut. Welche Methode wendet der Arzt hierfür an?

Der Arzt trennt die Mandeln mit elektrisch erhitzten Platindrahtschlingen ab. Von der Hitze spürt der Patient gar nichts. Der glühende Draht brennt sich durch das Gewebe, läßt dabei das Bluteiweiß gerinnen und bewirkt weitere Veränderungen im durchbluteten Gewebe, wodurch ein starkes Bluten der Wunde verhindert wird.

Wie kann der elektrische Strom rasch unterbrochen werden, wenn die Stromstärke durch einen Kurzschluß plötzlich stark ansteigt?

In die Stromkreise eines Haushalts werden *Sicherungen* eingebaut. Diese unterbrechen den Strom, wenn er gefährlich ansteigt und eine bestimmte Stromstärke überschritten wird.

Schmelzsicherungen sind Patronen, durch deren Inneres ein dünner Schmelzdraht führt. Dieser Draht brennt bei einer bestimmten Stromstärke durch und unterbricht so den Stromkreis. An den Rückseiten der Schmelzsicherungen befinden sich kleine Kennplättchen, deren Farbe angibt, bei welcher Stromstärke der Draht durchbrennt: grün bedeutet 6 Ampere, rot 10 Ampere, und grau steht für eine Stromstärke von 16 Ampere.

Manche moderne Sicherungsautomaten funktionieren ähnlich: Durch die Hitze wird ein aus zwei Metallen bestehender Streifen durchgebogen, wodurch der Stromkreis unterbrochen wird. Bei anderen Sicherungsautomaten bewirkt ein Elektromagnet, daß der Stromkreis bei zu großer Stromstärke unterbrochen wird.

Warum befinden sich seitlich an einem Elektrostek-
ker und an einer Steckdose metallene Klammern?

Außer den beiden Polen für die Stromübertragung
befindet sich an einer Steckdose ein geerdeter
Schutzkontakt. Dieser wird beim Einstecken mit
einem Schutzkontakt am Stecker verbunden. Alle
metallisch leitenden Teile eines angeschlossenen
Elektrogerätes, mit denen der Benutzer in Berührung kommen kann, wie zum Beispiel die Gehäuse
von Waschmaschinen oder Lampengestellen, sind
mit diesem Schutzkontakt verbunden. Sollten diese
Teile einmal Spannung führen, so wird dadurch sofort ein Kurzschluß herbeigeführt. Der läßt die Sicherung durchbrennen, und die Gefahr eines le-
bensgefährlichen Stromschlags ist dadurch gebannt.

Worauf muß beim Bau von Schaltern zum Ein- und Ausschalten elektrischer Stromkreise in einer Wohnung geachtet werden?

Bei solchen Schaltern – Dreh-, Kipp- und Druckknopfschaltern – soll die Ausschaltung des Stromes durch eine Federbewegung ruckartig erfolgen, damit sich bei der Stromunterbrechung keine Funken bilden. Diese könnten nämlich gefährlich werden, wenn sie etwa ausströmendes Gas entzünden würden. Auch würden die durch Funken entstehenden elektrischen Wellen durch lästiges Knacken im Lautsprecher den Rundfunkempfang stören.

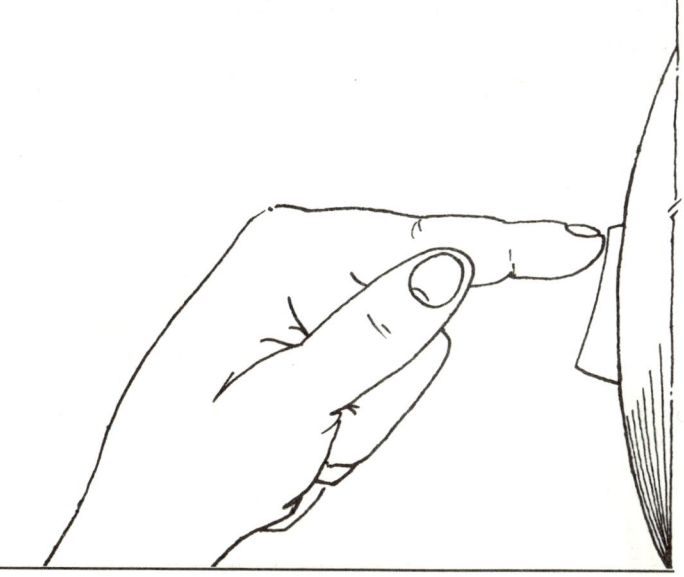

Leuchtstofflampen erzeugen ein angenehmes Licht mit weichen Schatten und haben im Verhältnis zur eingesetzten Energie eine recht hohe Lichtausbeute. Wie funktioniert eine Leuchtstofflampe?

Eine *Leuchtstofflampe* ist ein Gasentladungsrohr, auf dessen Innenwand eine Leuchtstoffschicht aus fluoreszierenden oder phosphoreszierenden Metallsalzen (zum Beispiel Calciumwolframat, Zinksulfid, Zinksilikat) angebracht wurde. Das Rohr selbst ist mit Quecksilberdampf von sehr geringem Druck gefüllt. Von Glühelektroden austretende Elektronen regen durch Stoß die Quecksilberatome dazu an, unsichtbares, ultraviolettes und fahles grünes und blaues Licht auszusenden. Das ultraviolette Licht fällt auf den Leuchtstoff an der Innenwand der Röhre, der daraufhin sichtbares Licht aussendet. Durch geeignete Wahl des Leuchtstoffes kann man diesem Licht jeden gewünschten Farbton geben.

Vor ungefähr 200 Jahren beobachtete der italienische Naturforscher Luigi Galvani eine eigenartige Erscheinung. Er hatte die Schenkel getöteter Frösche an einen Kupferhaken gehängt, um mit ihnen zu experimentieren. Die Schenkel zuckten jedesmal, wenn er sie mit einem Eisendraht berührte. Was war geschehen? Gibt es etwa eine „tierische Elektrizität"?

Galvani nahm tatsächlich an, daß es sich bei dieser Erscheinung um „tierische Elektrizität" handele. In Wahrheit aber hatte er den später nach ihm benannten *galvanischen Strom* entdeckt.
Hierbei wird durch ein Zusammenwirken verschiedener Stoffe Elektrizität erzeugt; bei Galvanis Froschschenkeln waren es die Stoffe Kupfer und Eisen, durch deren Berührung ein galvanischer Strom entstand und die Schenkelmuskel zu einer Zuckung anregte.
Erst einige Jahre nach Galvanis Beobachtung fand der Physiker Alessandro *Volta* die richtige Erklärung und baute das erste *galvanische Element* aus Kupfer, Zink und verdünnter Schwefelsäure. Bei diesem sogenannten *Voltaelement* wird eine Spannung von 1 Volt (benannt nach Volta) erzeugt.

Wie kann man einen beliebigen Metallgegenstand mit einer sehr dünnen Silberschicht überziehen?

Unreines Wasser leitet den elektrischen Strom gut. Hängt man also in eine Silbersalzlösung einerseits den Metallgegenstand, der mit dem Minuspol einer Stromquelle verbunden ist, und andererseits ein Silberblech, das mit dem Pluspol verbunden ist, so lagert sich Silber am Minuspol, also an dem Metallgegenstand, gleichmäßig an. Gleichzeitig wird aus dem Silberblech laufend Silber abgelöst, damit die Konzentration der Silbersalzlösung gleich bleibt.

Diese Technik wird *Elektrolyse* genannt. Durch sie kann man auch vergolden, verkupfern, vernickeln und verchromen. Den Vorgang des Metallüberzugs durch Elektrolyse nennt man galvanisieren.

Mit der Elektrolyse wird übrigens auch die technische Einheit der Stromstärke festgelegt: Ein Strom hat die Stärke 1 *Ampere*, wenn er in einer Sekunde 1,118 Milligramm Silber abscheidet.

Wie fertigt man völlig nahtlose Kupferrohre an?

Auch hierzu bedient man sich der *Elektrolyse*. In einem Kupferbad befindet sich eine Walze aus Gußeisen, die mit dem Minuspol einer Stromquelle verbunden ist; ein Stück reines Kupfer ist mit einem Pluspol verbunden. Durch den fließenden Strom bildet sich auf der Walze eine Kupferschicht: ein Rohr. Sobald dieses Rohr die gewünschte Wandstärke erreicht hat, wird es von der Walze gezogen. Auf ähnliche Weise werden auch dünne Kupferfolien hergestellt.

Durch Karies verursachte Zahnschäden werden vom Zahnarzt vor allem mit *Amalgam,* einer Quecksilberverbindung, „geflickt". Warum sollen im Mund neben dem Amalgam nicht gleichzeitig auch Zahnfüllungen aus Gold vorhanden sein?

Die verschiedenen Metalle der Plomben könnten mit dem Speichel eine *elektrolytische Zelle* bilden und so Metallspuren ablösen, die möglicherweise schädlich sind, da sie durch Verschlucken in den menschlichen Organismus geraten.

Fleisch oder Fische zu räuchern, ist ein langwieriges Geschäft. In großen Betrieben wird zum Beispiel eine große Menge von Fisch geräuchert. Sind dafür etwa riesige Anlagen notwendig, die lange Zeit von dem zu räuchernden Fisch „belegt" sind, oder kann man das Räuchern beschleunigen?

Die Fische werden an Drähte gehängt, die mit dem Pluspol eines Hochspannungsgeräts verbunden sind. Daraufhin werden sie zwischen großen Metallflächen durchgeführt, die mit dem Minuspol verbunden sind. Der Holzteerrauch streicht durch den Raum zwischen Fisch und Metallflächen, wird elektrisch aufgeladen und dringt dann tief in das Fischfleisch ein, ohne es sonderlich zu erhitzen. Auf diese Weise geht das sonst langwierige Räucherverfahren erheblich schneller vonstatten.

Manchmal gelangt ungewollt ein Stück „Silberpapier" (Aluminiumfolie) in den Mund, zum Beispiel, wenn man einen Riegel Schokolade ißt, an dem eines haftet. Dieses Mißgeschick kann sich durch ein sehr unangenehmes Gefühl an einem Zahn bemerkbar machen. Was verursacht dieses unangenehme Gefühl?

Im Mund treffen die zwei verschiedenen Metalle der Folie und einer Zahnplombe aufeinander. Durch die Wirkung des Speichels entsteht zwischen ihnen eine elektrische Spannung, was an dem plombierten Zahn ein unangenehmes, manchmal sogar schmerzhaftes Gefühl verursacht.

Wie kann man es erreichen, daß Autokarosserien einen vollkommen gleichmäßigen Lacküberzug erhalten?

Die Karosserien werden an einem metallischen Förderband an großen Metallflächen vorbeigeführt. Förderband und Karosserien sind mit einem Pol einer Hochspannungsquelle verbunden, die Metallflächen mit dem anderen Pol. Die Spannung wird so hoch gewählt, daß zwischen Karosserien und Metallflächen eine *Sprühentladung* stattfindet. Durch Zerstäuberdüsen wird seitlich *Lack*farbe eingeblasen, deren Tröpfchen sich aufladen und mit großer Geschwindigkeit auf die Karosserieteile prallen. Auf diese Weise wird ein sehr gleichmäßiger und gut haftender Farbüberzug erreicht.

Das einfachste Elektrizitätswerk der Welt ist der Kristall. Wie funktioniert es?

Drückt man in einer bestimmten Richtung auf eine Quarzkristallplatte, so wird sie elektrisch: Die eine Seite weist eine positive, die andere eine negative Ladung auf. Zieht man den *Kristall* aber auseinander, so werden genau umgekehrte Ladungen erzeugt.

Es ist fast so, als könne man die Elektrizität aus dem Kristall herausquetschen wie Wasser aus einem Schwamm. Drückt oder zieht man den Kristall, so quetschen auf der einen Seite positive, auf der anderen negativ geladene Atome aus ihrem inneren Atomverband heraus an die Oberfläche des Kristalls.

Diese Erscheinung nennt man *Piezo-Elektrizität* oder „Elektrizität aus Druck". Und wie so oft in der Physik gibt es auch hierfür eine Umkehrung: Ein Quarzkristall sendet bei hohen elektrischen Frequenzen Ultraschallwellen aus, aus Elektrizität entsteht also Druck.

Ohne Mikrophone könnte man vieles nicht so gut hören: die Musiker bei einem Konzert oder den Redner bei einem Vortrag. Mikrophone ermöglichen es, daß der Schall weitergeleitet wird, zum Beispiel zu einem Lautsprecher. Aber was genau passiert eigentlich in einem Mikrophon?

In einem Mikrophon werden Schallschwingungen in elektrische Spannungen übertragen. Dies geschieht durch unterschiedliche Techniken.

Beim *Kristallmikrophon* zum Beispiel wird der *piezoelektrische* Effekt ausgenutzt: Der Schalldruck wirkt auf einen Kristall, der dadurch ein wenig verformt wird. Dabei entstehen an der Oberfläche des Kristalls elektrische Spannungen, die weitergeleitet werden können.

Was nützt das beste Mikrophon, wenn die in elektrische Spannungen „übersetzte" Musik oder Rede nicht wieder umgewandelt wird, auf daß der Zuhörer sie hören kann! Dazu bedient man sich unterschiedlich großer Lautsprecher. Was geht in ihnen vor?

In einem *Lautsprecher* wird im Grunde dieselbe Technik angewendet wie in einem Mikrophon, nur umgekehrt! Durch die elektrischen Spannungsschwingungen wird eine dünne Haut, eine *Membran*, in Schwingungen versetzt. Dadurch erzeugt sie Schallwellen.

Wie bei den Mikrophonen kann man hierzu unterschiedliche Techniken verwenden: Es gibt zum Beispiel *Kristallautsprecher*, die den *piezoelektrischen* Effekt verwenden, oder auch *dynamische Lautsprecher*, bei denen die Ablenkung eines stromdurchflossenen Leiters in einem Magnetfeld zur Bewegung der Membran genutzt wird.

Was geht im Inneren eines Telefonhörers vor sich?

Im unteren Teil des *Telefon*hörers befindet sich ein Mikrophon, das die beim Sprechen erzeugten Schallwellen in Stromschwankungen überträgt. Diese Stromschwankungen gelangen über das Telefonleitungsnetz zum Gesprächspartner, in dessen Hörer (im oberen Teil) ein kleiner Lautsprecher die elektrischen Signale wieder in hörbare Schallwellen „übersetzt". Dies geschieht über einen halbkreisförmigen Dauermagneten, auf dessen Schenkeln Magnetspulen sitzen, die vom Sprechstrom durchflossen werden. Die Sprechstromschwankungen verändern das Magnetfeld, wodurch eine *Membran* bewegt wird und so Schallwellen erzeugt werden.

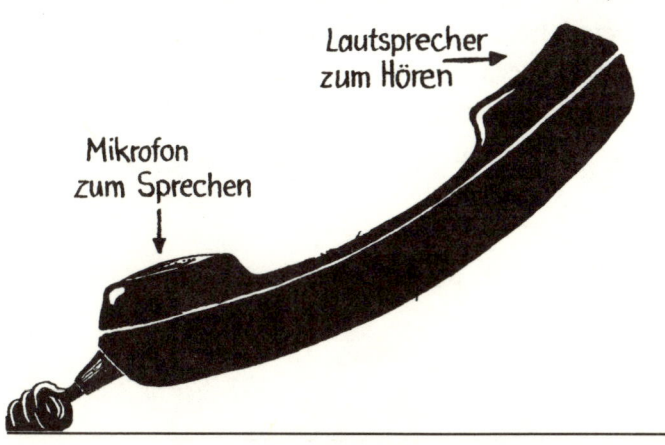

Lautsprecher zum Hören →

Mikrofon zum Sprechen ↓

Türen öffnen sich wie von Geisterhand – so etwas hat jeder schon erlebt. Welche geheimnisvolle Kraft wirkt hier?

Die Tür wird elektrisch geöffnet und geschlossen. Dazu ist eine *Photozelle* notwendig. Eine Photozelle ist im Grunde eine Umkehrung einer Glühbirne. In der Glühbirne erzeugt eine Elektronenbewegung Licht, bei der Photozelle wird durch Licht eine Elektronenbewegung hervorgerufen. Und diese Elektronen geben einen elektrischen Impuls weiter, durch den eine Tür geöffnet werden kann. Zum Beispiel kann ein vielleicht unsichtbarer infraroter Lichtstrahl auf die Photozelle gerichtet sein und dort einen elektrischen Strom erzeugen. Wird dieser Lichtstrahl durch jemanden, der sich der Tür nähert, durchbrochen, so kann durch die Stromveränderung ein Elektromotor eingeschaltet werden, der die Tür öffnet.

Beim Fotografieren kommt es auf die richtige Belichtung an. Auf den Film muß eine ausreichende Menge Licht auftreffen, um ein Objekt auf dem Foto dann auch erkennen zu können. Um Unter- oder Überbelichtung zu vermeiden, verwendet man einen Belichtungsmesser. Wie funktioniert ein solches Gerät?

Ein *Belichtungsmesser* ist mit einer *Photozelle* ausgerüstet, die Lichtschwankungen in elektrische Stromschwankungen umsetzt. Diese Stromschwankungen werden genutzt, um dem Fotografen entsprechende Werte für eine richtige Belichtung anzuzeigen. In vielen modernen Kameras wird das Licht direkt durch das Objektiv gemessen und Blendenöffnung und Verschlußzeit automatisch eingestellt.

VII.
Von Falschmünzern und wackligen Tischen – *physikalisches Allerlei*

ABS – Abstand halten! An den Rückseiten mancher Omnibusse und Autos prangt dieser Schriftzug und warnt die nachfolgenden Autofahrer. Aber wovor wird gewarnt, vor gefährlichen Gütern vielleicht?

ABS ist die Abkürzung für *Antiblockiersystem.* Das ABS bewirkt, daß die Räder eines Fahrzeugs auch bei starkem Bremsen nicht blockieren. Dadurch kommt das Fahrzeug rascher zum Stehen. Rollende Reifen haften sehr viel besser auf der Straße als blockierte, die über die Fahrbahn rutschen und so den Anhalteweg verlängern. Ein weiterer Vorteil des Antiblockiersystems ist, daß das Fahrzeug lenkbar bleibt. Ein Fahrzeug mit blockierten Rädern rutscht genau geradeaus, der Fahrer kann es nicht mehr steuern.

Dieser wichtige Beitrag zur Sicherheit im Straßenverkehr wird durch moderne Technik erreicht: Fühler ermitteln die Drehgeschwindigkeit der Räder, und eine elektronische Steuerung vermindert den Bremsdruck immer genau dann, wenn die Räder zu blockieren drohen. So wird die bestmögliche Bremswirkung erzielt, besser als es der Fahrer mit dem Fuß auf dem Bremspedal je könnte.

Manche finden's praktisch, manche nennen es eine überflüssige Verführung zum Kaufen: die Automaten, aus denen man Süßigkeiten und Zigaretten herauslassen kann, wenn man eine entsprechende Menge an Geldstücken einwirft. Woher weiß der Automat aber, daß nicht ein Betrüger an seinen Inhalt heranwill, warum rückt er keinen Kaugummi heraus, wenn man ihn mit einem Blechstück oder einem Knopf überlisten will?

In den Automaten ist ein *Münzprüfer* eingebaut, der die eingeworfenen Geldstücke sehr genau untersucht: Ein Magnet kann erkennen, ob das eingeworfene Geldstück aus der „richtigen" Metallmischung besteht. Durchmesser und Dicke werden überprüft, und eine Waage stellt fest, ob die Münze nicht vielleicht zu leicht oder zu schwer ist. Da haben Knöpfe keine Chance! Erst wenn das Geldstück sozusagen auf Herz und Nieren untersucht und für gut befunden ist, wird der Ausgabeschacht geöffnet, und die Ware kann entnommen werden.

Radiohören macht Spaß. Warum ist es möglich, mit einem Radiogerät so viele verschiedene Programme zu empfangen?

Die erste Voraussetzung ist natürlich, daß von den *Rundfunk*anstalten viele verschiedene Programme „hergestellt" werden. Diese Programme werden in Form von elektrischen Wellen von Sendern ausgestrahlt und gelangen mit Hilfe einer Antenne in das *Radio*gerät. Jeder Sender strahlt elektrische Wellen einer bestimmten Wellenlänge und Schwingungszahl aus. Die Wellenlänge ist der Abstand vom höchsten Punkt eines Wellenbergs bis zum höchsten Punkt des folgenden Wellenbergs. Die Schwingungszahl oder Frequenz ist die Anzahl der ausgesendeten Wellen pro Sekunde; sie wird in *Hertz* gemessen (1 Hertz = 1 Welle pro Sekunde).
Sobald ein Radiogerät auf eine bestimmte Frequenz eingestellt ist, kann das betreffende Programm gehört werden.
Die Radiowellen sind in bestimmte Gruppen eingeteilt: „*Langwelle*" zum Beispiel meint Wellen einer Länge zwischen 10 und 1 Kilometer und einer Frequenz von 30 bis 300 Kilohertz (1 Kilohertz = 1000 Hertz), „*Kurzwelle*" steht für eine Wellenlänge zwischen 100 und 10 Metern und einer Frequenz zwischen 3000 und 30 000 Kilohertz.

Wie kann man weit entfernte Gegenstände erkennen, auch wenn man sie selbst mit Hilfe von Ferngläsern nicht sehen kann?

Genau wie Schallwellen von einer Felswand als Echo zurückgeworfen werden, werden auch kurze elektrische Wellen, Radiowellen, von festen Gegenständen reflektiert. Diese Tatsache macht man sich beim *Radar* zunutze. Hierbei sendet ein sich drehender Radarschirm Kurzwellen aus, die von weit entfernten Objekten, zum Beispiel Flugzeugen, zurückgeworfen werden. Die reflektierten Wellen werden von einem Empfänger aufgenommen und als Leuchtzeichen auf einem Bildschirm angezeigt. Auf diese Weise kann man die Entfernung und sogar die Richtung eines sich bewegenden, weit entfernten Gegenstands erkennen. Radargeräte haben eine Reichweite von mehreren hundert Kilometern.

Fast in jedem Haushalt gibt es heutzutage einen *Kassettenrecorder*. Man kann damit auf ganz einfache Weise Musik aufnehmen und wieder abspielen. Wie funktioniert ein solches Gerät?

Kassettenrecorder sind im Grunde kleine, moderne Versionen großer Tonbandgeräte. Die Töne werden bei diesen Geräten auf einem mit Eisenpulver versehenen Laufband durch magnetische Einwirkung festgehalten. Zum Aufnehmen wird dieses *Tonband* an einem *Magnet*kopf vorbeigeführt, dessen Magnetfeld sich ständig ändert. Bewirkt werden diese Änderungen durch Schwankungen des elektrischen Stroms. Und diese unterschiedlichen Stromstärken werden zum Beispiel in einem Mikrophon erzeugt; dort werden Schallschwingungen in elektrische Spannung übertragen. Das Tonband wird beim Vorbeiführen magnetisiert, es erhält dadurch eine Art magnetische Tonschrift eingeprägt.

Beim Abspielen wird genau diese magnetische Tonschrift verwendet, um in einem anderen Magneten elektrische Schwingungen zu erzeugen. Diese Schwingungen können mit einem Lautsprecher wieder in Schall zurückverwandelt werden.

Die Tonschrift kann von einem magnetischen Löschkopf wieder gelöscht werden, man kann ein Tonband also beliebig oft verwenden.

Wie ist es möglich, daß man auf einem Fernseh-
bildschirm bewegte Bilder sehen kann?

Wie bei einem Kinofilm werden auch beim *Fernsehen* in sehr schneller Folge einzelne Bilder gezeigt,
mehr als 25 in jeder Sekunde. Das menschliche
Auge kann bei einer solch schnellen Bildfolge keine
einzelnen Bilder mehr erkennen; daher können
durch das Fernsehen Bewegungsabläufe fast natur-
getreu gezeigt werden.

Um ein Bild zu übertragen, wird es mosaikartig in
sehr viele einzelne Bildpunkte verschiedener Helligkeit zerlegt. Diese Punkte werden zeilenweise von
einem Elektronenstrahl abgetastet, und die Hellig-
keitswerte werden in elektrische Impulse übertragen. Diese Stromstöße werden im Empfangsgerät
wieder in Lichtpunkte „rückübersetzt", auch hier eilt
ein Elektronenstrahl in ungeheurer Geschwindigkeit
zeilenweise von oben nach unten.

Millionen von Lichtpunkten werden auf diese Weise
in jeder Sekunde übertragen. Und wir sehen sie auf
dem Bildschirm als bewegte Bilder!

Wie kommt ein Farbfernsehbild zustande?

Beim *Farbfernsehen* wird im Grunde die gleiche Technik angewendet wie beim Schwarzweißfernsehen. Jedoch wird hier ein Bild nicht nur in Punkte verschiedener Helligkeit zerlegt. Mit Hilfe von Farbfiltern werden vielmehr drei verschiedene Farbauszüge aus den Grundfarben Rot, Grün und Blau hergestellt. Deren Farbwerte werden über elektrische Signale zum Empfangsgerät geleitet und dort auf dem Bildschirm sichtbar gemacht; sie ergeben zusammen wieder ein „natürlich" farbiges Bild.

Wie werden *Farbfotografien* hergestellt?

Farbfilme haben drei verschiedene, aufeinander gegossene Gelatineschichten, die lichtempfindlich sind und jeweils einen bestimmten Farbbildner enthalten. Jede dieser Schichten absorbiert („verschluckt") eine bestimmte Farbe und läßt die Komplementärfarbe hindurch; das ist die Farbe, mit der zusammen sich Weiß ergeben würde.

Bei der Entwicklung des Negativs entstehen durch Verwendung eines speziellen Farbenentwicklers auf den Schichten jeweils die Gegenfarben zum Original, Blau zum Beispiel erscheint als Gelb. Der entwickelte Film trägt also ein farbiges Negativ, mit dessen Hilfe farbempfindliches Fotopapier belichtet und so ein farbiges Papierbild hergestellt werden kann.

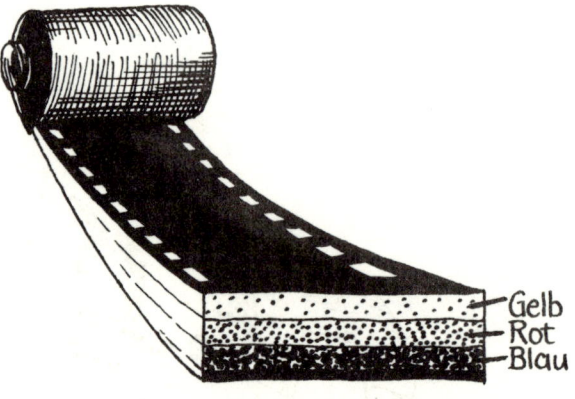

Gelb
Rot
Blau

Es ist recht einfach, schwarze Schrift zu drucken: Man muß nur die Druckbuchstaben, die Lettern, mit Druckerschwärze einfärben und aufs Papier drukken. Wie aber werden farbige Bilder gedruckt – dazu werden doch viele verschiedene Farben benötigt?

Bei der häufigsten Art des Mehrfarbendrucks, dem *Vierfarbendruck*, werden Druckplatten in den Farben Blau, Rot, Gelb und Schwarz hergestellt. Vom Originalfarbbild fertigt man daher zunächst auf fotografische Weise Negative an, bei denen die anderen Farben herausgefiltert sind. Mit den vier Druckplatten werden nacheinander die einzelnen Farben auf dasselbe Papier gedruckt. Beim Übereinanderdrucken ergibt sich eine vollständige farbige Bildwiedergabe.

Zusammengedruckt wird's farbig!

ROT BLAU GELB SCHWARZ

Das Stativ eines Fotografen hat immer drei Beine. Warum diese Sparsamkeit? Würde ein Stativ auf vier Beinen nicht sicherer stehen?

Gerade weil ein Stativ auch auf unebenem Untergrund sicher stehen soll, hat es nur drei Beine. Denn die drei Punkte, auf denen die drei Beine stehen, bilden immer eine *Ebene*, während dies bei vier Punkten, also auch bei einem vierbeinigen Stativ oder Tisch, nicht der Fall sein muß. Ein dreibeiniger Tisch steht nirgendwo wacklig, ein vierbeiniger dagegen aber auf unebenem Boden fast immer.

Die meisten modernen Uhren, Wecker genauso wie Armbanduhren, tragen die Bezeichnung „Quarz" auf dem Zifferblatt. Quarze sind aber Minerale, und was haben die denn mit der Zeitmessung zu tun?

Um Zeit genau messen zu können, werden in Uhren immer wiederkehrende, gleich lang dauernde Vorgänge zugrunde gelegt: zum Beispiel das Schwingen eines Pendels oder die Bewegung eines Drehpendels (das man „Unruh" nennt).

Auch ein Quarzkristall kann zu Schwingungen angeregt werden. Dies geschieht auf elektrischem Weg (darum sind *Quarzuhren* auch nur mit Batterien in Gang zu bringen). Die Schwingungen eines Quarzes sind sehr gleichmäßig; deshalb weichen manche Quarzuhren hundert- bis tausendmal weniger von der „richtigen" Zeit ab als sehr genaue Pendeluhren. Am genauesten aber gehen Atomuhren; hier werden die Schwingungen bestimmter Atome oder Moleküle (das sind miteinander verbundene Atome) verwendet.

Ein *Jahr* hat normalerweise 365 Tage, manchmal aber 366. Wo kommt der zusätzliche Tag her?

Ein Jahr bezeichnet nichts anderes als die Zeit, die die Erde bei ihrer Reise um die Sonne für einen Umlauf benötigt. Eine Umrundung dauert aber genau 365¼ Tage; also wird jedem vierten Jahr ein Tag, ein sogenannter „Schalttag", hinzugerechnet – damit unsere Zeitrechnung nicht durcheinanderkommt.

Daß es verschieden lang hell ist während eines Jahres, das weiß jeder. Ein *Tag* dauert aber trotzdem immer 24 Stunden – oder?

Tatsächlich sind die Tage um den 23. Juli ungefähr 16 Minuten länger, die Tage um den 3. November aber etwa 16 Minuten kürzer als ein „normaler" Tag. Ein Tag ist nämlich die Zeitspanne zwischen zwei aufeinanderfolgenden Höchstständen der Sonne am Himmel, und die ist nicht immer gleich lang. Als Zeiteinheit für den Tag hat man den Durchschnittswert dieser Zeitspanne, den mittleren Sonnentag, gewählt.

Im Winter ist es kalt, es ist längst nicht so lange hell wie im Sommer. Warum eigentlich gibt es *„Jahreszeiten"* auf der Erde?

Die *Erde* umrundet die *Sonne* in sausender Fahrt, einmal in einem Jahr. Die Erdachse ist aber ein wenig geneigt; deshalb bekommt mal die nördliche, mal die südliche Erdhalbkugel mehr Sonnenlicht ab – und bei Frühlings- und Herbstanfang beide Hälften gleich viel. In einer Sekunde legt die Erde übrigens eine Strecke zurück, zu der ein tüchtiger Radfahrer zwei Stunden benötigt: etwa 30 Kilometer.

Wie entsteht eine *Mondfinsternis*?

Die Erde wird auf ihrer Bahn um die Sonne ständig von dieser beschienen; sie wirft natürlich auf der sonnenabgewandten Seite einen Schatten. Von dieser sonnenabgewandten Seite aus, auf der dann gerade Nacht ist, kann man oftmals einen „Vollmond" sehen: Dann wird gerade die erdzugewandte Seite des Mondes auf seiner Bahn um die Erde voll von der Sonne beschienen. Eine Mondfinsternis entsteht dann, wenn der Mond, angestrahlt von der Sonne, auf seiner Erdumlaufbahn durch den Schatten wandert, den die Erde wirft: Dann trifft natürlich eine Zeitlang kein Sonnenlicht mehr auf den Mond, und er ist nicht mehr sichtbar.

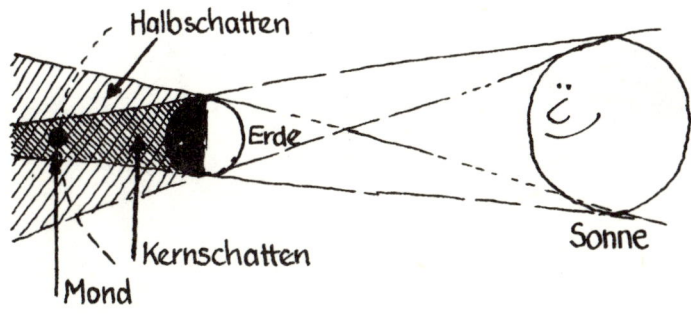

Wie entsteht eine *Sonnenfinsternis?*

Der Mond scheint von der Erde aus gesehen den gleichen Durchmesser zu haben wie die Sonne. Die Sonne ist aber sehr viel größer als der Mond, allerdings ist ihre Entfernung zur Erde auch sehr viel größer. Wenn der Mond auf seiner Bahn um die Erde zwischen Sonne und Erde gerät, dann wird die „Sonnenscheibe" für den Betrachter auf der Erde eine Zeitlang zugedeckt. Wegen des tatsächlichen geringen Durchmessers des Mondes kann eine Sonnenfinsternis jeweils nur in einem eng umgrenzten Gebiet auf der Erde beobachtet werden.

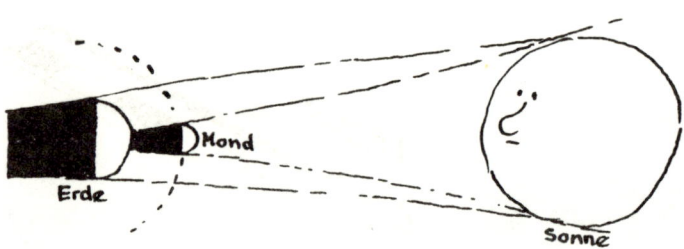

Warum ist ein *Meter* genau so lang, wie er eben ist? Und warum verwenden wir ihn als Längeneinheit?

Ein Meter ist der zehnmillionste Teil eines Erdmeridianquadranten, das ist der Abstand zwischen Erdpol und Erdäquator. 1983 wurde er neu bezeichnet als die Strecke, die das Licht im luftleeren Raum in 1/299792458 Sekunden zurücklegt. Am 20. Mai 1875 schlossen vierzehn Staaten in Paris einen Vertrag, in dem sie sich verpflichteten, das Längenmaß Meter in ihren Ländern einzuführen. Man fertigte einen Maßstab aus Platin-Iridium an, das sogenannte Urmeter, und jeder Teilnehmerstaat erhielt hiervon eine genaue Nachbildung. Das Urmeter wird im Internationalen Büro für Maße und Gewichte in Breteuil, einem Vorort von Paris, aufbewahrt.

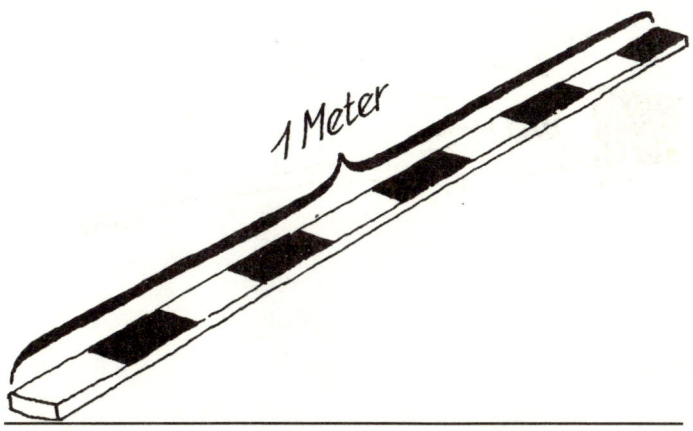

1 Meter

Abflußrohre unter Waschbecken haben eine eigenartige Krümmung. Was denken sich die Klempner denn dabei, warum führen sie die Rohre nicht direkt vom Becken zur Wand?

Vor und nach der Krümmung wird das Rohr senkrecht nach oben geführt, deshalb bleibt hier immer ein wenig Wasser stehen. Der Sinn dieser Einrichtung: Üble Gerüche, die sich im Rohr bilden, können nicht ins Freie gelangen, sie können die Wassersperre in der Krümmung nicht überwinden. Man nennt dies einen *Geruchsverschluß*.

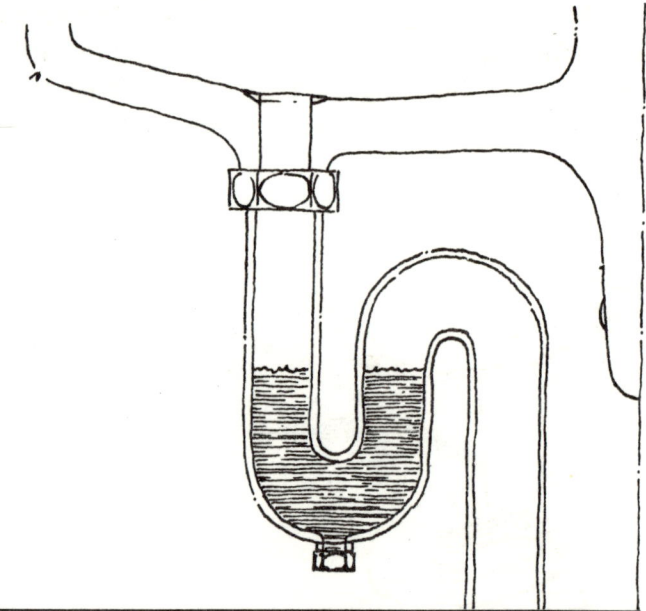

Auf vielen „stillen Örtchen" rauscht das Wasser per Knopfdruck aus einem Spülkasten. Nach dem Spülen ist der Kasten leer und wird erneut gefüllt. Warum muß man hierfür nicht eigens an einem Wasserhahn drehen, woher „weiß" die Wasserzuleitung, wann genug Wasser in den Kasten nachgeflossen ist?

Im Wasserbehälter befindet sich eine Schwimmkugel, die mit einem Einlaßventil verbunden ist. Sinkt beim Spülen der Wasserspiegel und mit ihr die Schwimmkugel, so wird das Einlaßventil geöffnet, und Wasser fließt nach. Sobald der Spülkasten wieder gefüllt ist, wird das Einlaßventil über die aufgestiegene Schwimmkugel wieder geschlossen.

Das ist praktisch: Manche Türen gehen automatisch zu. Meist werden sie von einer Feder zugedrückt. Warum aber knallen sie dabei nicht heftig ins Schloß, sondern werden auf ganz sanfte Weise geschlossen?

Beim Öffnen wird durch ein Gestänge ein Kolben in einen Zylinder geschoben, wobei Luft in diesen Zylinder einströmt. Wenn eine Feder daraufhin die Tür zudrückt, verdrängt der Kolben die Luft nur langsam und bremst so die Tür ab.

Mit Maschinen geht vieles leichter: Vor allem in der ersten Hälfte des letzten Jahrhunderts wurden viele Maschinen entwickelt, um die Arbeitsabläufe in den Fabriken zu vereinfachen. Die meisten wurden mit Dampf angetrieben. Auf welche Weise aber treibt Dampf schwere Maschinen an?

Der in einer *Dampfmaschine* erzeugte Dampf wird in einen Zylinder geleitet. Dort bewegt der unter hohem Druck stehende Dampf einen Kolben und entweicht dann aus dem Zylinder. Auf der anderen Seite des Kolbens wird nun ebenfalls Dampf zugeführt, worauf sich der Kolben wieder in seine Ausgangsstellung zurückbewegt. Die Dampfzufuhr wird über einen Schieber geregelt, der der Kolbenbewegung folgt. Eine solche Kolbendampfmaschine nennt man doppeltwirkend, weil die Kraft des Dampfs wechselweise auf zwei Seiten wirkt. Durch eine Bewegung des Kolbens können die verschiedensten Arbeiten verrichtet werden, zum Beispiel können große Schwungräder angetrieben werden.
Die beim Erhitzen des Wassers zu Dampf benötigte Energie wird auch bei den besten Dampfmaschinen nur zu etwa 20 % ausgenützt, der Wirkungsgrad ist also recht gering!

Schiffe sind dazu da, um auf dem Wasser unterwegs zu sein. Was ist aber zu tun, wenn der unter Wasser liegende Teil eines Schiffsrumpfes beschädigt wird? Dann hätte man sein Schiff gern wieder auf dem Trockenen, aber das ist nicht so einfach. Setzt man vielleicht Kräne ein, um das Schiff anzuheben?

An die Unterwasserteile kommt man am einfachsten heran, wenn man das Schiff in einem *Trockendock* „trocken legt". Ein Trockendock ist eine große betonierte Grube, die vom Meerwasser durch ein großes Tor abgetrennt wird. Läßt man die Grube voll mit Wasser laufen, so kann das Schiff bei geöffnetem Tor einfahren. Das Schiff wird befestigt und sodann das Wasser abgepumpt, bis der untere Teil des Schiffsrumpfs im Trockenen liegt.

Ein *Schwimmdock* funktioniert ganz ähnlich. Es ist ein großer Schwimmkörper, in den zum Einfahren des Schiffes Wasser eingelassen wird. Nach dem Abpumpen befindet sich das Schiff ebenfalls im Trockenen, das Schwimmdock selbst aber schwimmt. Sein Vorteil ist, daß es beweglich ist und daher eingesetzt werden kann, wenn das Schiff den Weg bis zu einem Trockendock nicht mehr zurücklegen kann.

Auf der Fahrt des Kolumbus nach Amerika im Jahre 1492 bemerkte seine Mannschaft mit großer Bestürzung, daß sich die Richtung der Kompaßnadel allmählich veränderte. Wie ist dieses Verhalten der Kompaßnadel zu erklären?

Die *Kompaßnadel* zeigt immer zum magnetischen Nordpol. Da aber Kolumbus' Schiff eine weite Fahrt von Osten nach Westen zurücklegte, veränderte sich vom Schiff aus tatsächlich die Richtung hin zum magnetischen Nordpol.

Register

A

Abendrot 194
Adhäsion 93 ff.
Adhäsionskraft 94 ff.
Akkord 183
Akustik 161 ff.
Alpenglühen 195
Amalgam 248
Ampel 205
Ampere 246
Anomalie 67 ff., 141
Antiblockiersystem
  261
Archimedes 19
Artesischer Brunnen
  45
Atmosphäre 37
Auftrieb 15, 19, 48,
  111 ff.

B

Barometer 34
Belichtungsmesser
  257
Bimetall 149 ff.
Blinkanlage 151
Blitz 168 ff., 225
Blitzableiter 225
Bobfahren 157
Bügeleisen 127

D

Dämmerung 195
Dampf 76
Dampfkochtopf 109
Dampfmaschine 281
Dichte 116
Donner 168 ff.
Doppler-Effekt 166
Druck 33 ff., 39 ff.
Dynamischer Laut-
  sprecher 254

E

Ebene 270
Echo 176
Echolot 179 ff.
Eis 154 ff.
Elastizität 61 ff.
Elektrizität 221 ff.
Elektrische Ladung
  224
Elektrische Spannung
  223 ff.
Elektrischer Strom
  237 ff.
Elektrolyse 246 ff.
Elektrolytische Zelle
  248
Elektronen 224, 238
Elmsfeuer 229
Erde 274

F

Fahrrad 32
Fahrradpumpe 41
Faraday 228
Farbe 206
Farbfernsehen 267
Farbfotografie 268
Fernsehen 266
Feuermelder 150
Fledermaus 177
Fliehkraft 20, 29 ff.
Flugzeug 48
Föhn 77
Fotografie 211
Frequenz 165 ff., 178

G

Galilei 24
Galvani 245
Galvanisches Element
  245
Galvanischer Strom
  245
Gas 38 ff.
Gasballon 37
Geruchsverschluß 278
Gewicht 17 ff., 21
Gewitter 168 ff.,
  226 ff.
Glas 129, 189
Glühbirne 238
Grundton 182

H

Hagel 84
Halonen 204
Heizkörper 135
Heizung 133
Hektopascal 34
Hertz 165, 178, 263
Himmel 196
Hochspannung
  233 ff.
Holz 128
Hydraulische Presse
  55

I

Infrarot 210 ff.

J

Jahr 272
Jahreszeiten 274

K

Kälte 153 ff.
Kassettenrecorder
  265
Klang 181 ff.
Kohlensäure 39
Kompaß 283
Kondensation 72
Kondensstreifen 75
Kristall 252 ff.
Kristallautsprecher
  254
Kristallmikrophon
  253
Kühlschrank 158
Kurzwellen 263

L

Lack 251
Langwellen 263
Lautsprecher 254
Leuchtstofflampe 244
Licht 193 ff.
Lichtreflexion 203
Lift 25
Linse 214
Lokomotive 78
Luft 40 ff., 87
Luftballon 59, 224
Luftdruck 34 ff., 37,
  40, 42 ff., 108
Luftspiegelung 217
Luftströmung 46, 49

M

Magnet 265
Masse 21
Megaphon 185
Membran 254 ff.
Metall 128
– Wärmeleitung 128
Meter 277
Mikrophon 253
Mondfinsternis 275
Morgenrot 194
Münzprüfer 262
Musikinstrument
  182 ff., 188

N

Nebel 72 ff., 76, 200
Netzhaut 219

O

Oberflächenspannung
  102 ff.
Obertöne 182
Ohr 35, 167
Optik 191 ff.

P

Photozelle 256 ff.
Piezo-Elektrizität
  252 ff.

Q

Quarz 252
Quarzuhr 271
Quecksilber 141

R

Radar 264
Radio 262 ff.
Rakete 59
Rauch 36, 76
Rauminhalt 117
Regen 36, 74
Regenbogen 201
Reibung 9 ff.
Reibungselektrizität
  230 ff.
Reif 83
Resonanz 187 ff.
Rodelbahn 156
Rückstoß 57 ff.
Rundfunk 263

S

Salzwasser 107
Sammellinsen 214
Sauerstoff 124
Saugheber 43
Saugpumpe 44
Schall 164 ff., 175 ff.
– Ausbreitung 164 ff.
– Entstehung 164 ff.
Schallwellen 169 ff.
Schiff 53, 114
Schiffsschraube 54
Schlittschuhlaufen
  155
Schnarchen 50
Schnee 85 ff.
Schutzkontakt 242
Schwerkraft 18, 21
Schwimmdock 282
Schwingung 164 ff.,
  184
Sicherung 241 ff.
Siedepunkt 105 ff.,
  139
Sog 47 ff.
– Luft 47, 48
– Schiff 53
Sonne 274
Sonnenfinsternis 276
Spannung 232 ff.
Sprühentladung 251
Staub 86 ff.
Steckdose 242
Stein 117, 154
Stern 216
Sternenflimmern 216
Stethoskop 186
Stoß 63
Strom 237 ff.
Stromfluß 239

Stromstärke 239
Strömung 52 ff.

T

Tag 273
Tau 80
Tauchsieder 140
Telefon 255
Temperatur 145 ff.
Thermometer 141 ff.
Thermostat 143, 149
Tonband 265
Torr 34
Trägheit 23 ff.
Trägheitsgesetz 25 ff.
Trockendock 282
Türschließer 280
Tyndall-Effekt 199

U

U-Boot 115
Überdruck 41, 109
Ultraschall 177 ff.
Ultraviolett 209 ff.
Unterdruck 44, 48

V

Verbundene Gefäße
  89 ff.
Verdunstungskälte 79
Vierfarbendruck 269
Volt 232
Volta 245
Voltaelement 245

W

Wärme 119 ff.
Wärmeleitung 121 ff.
– Fenster 129
– Metall 128
– Schnee 132
– Ziegel 130
Wärmepumpe 159
Wasser 68 ff., 91 ff.,
  137 ff.
– Anomalie 67 ff., 141
– Auftrieb 15, 19,
  111 ff.
– Siedepunkt 105 ff.
– Tropfen 15, 95, 103
Wasserdampf 74, 78,
  82
Wasserspülung 279
Wellen 14
Wind 14, 51, 172
Wirbel 13, 51
Wolke 15, 74, 202

Z

Zentrifugalkraft 30
Zerstreuungslinsen
  214

RTB Sachbuch

RTB 749 ab 10

RTB 026 ab 10

RTB 824 ab 10

RTB 1558 ab 10

RTB 1598 ab 12

RTB 1617 ab 9

Ravensburger TaschenBücher